半建築 長坂常

日本建筑设计师 長坂常 设计理念

［日］长坂常 著

［日］堀川英嗣 译

聽松文庫
tingsong LAB

上海人民美術出版社

II 半建筑

……设计时的工作方式：与完全从零开始设计全新建筑的项目相比，我平日里做的最多的是将旧的建筑翻建以调整其使用功能的设计工作，所以常常以改变旧有建筑物的功能生发新认知来激发我的设计神经，换句话说，就是"认知更新"。如今，主动去了解自己以往不熟悉的东西，然后把获得的新认知，通过我的设计理念和手法传递给大家，已成为我设计思考的根本。

"认知更新"这一概念，其实是我在东京艺术大学上学时，从担任二年级设计课程的汤姆·赫尼根［Tom Heneghan］老师那里学到的。当时的设计课题是：以芝浦运河为地基，在其上方建造一座只有一条单轨铁路的车站。在这个课题的开题报告中，如果没有阐明你对于这片地基形貌特征的发现，就无法说服老师让你进入下一个阶段去绘图室画图纸，有那么一些同学，因为一直找不到地基特征而没完没了地被老师滞留在这一阶段继续思考，最后，甚至还有同学穿着浮潜设备潜入臭水沟般脏臭的运河里去寻找启示。所幸我在这之前已经有了一些自己的新发现，而不必随他们潜入臭运河中去摸爬。我因偶然发现运河堤坝的墙壁上有一条水线痕迹，因其与实际的水位之间还有一段距离，所以我知道了芝浦运河的水面位置其实上下变化很大；同时注意到芝浦运河虽是一条运河，但因其离海近，所以水位线还是会受到潮水涨落的影响这一特点。于是，那个课题作业，我利用海水潮汐的动力，设计出来一座依据季节变化而改变营业时间的澡堂，而不是单轨车站。我至今仍然记得自己发现"运河居然也会潮涨潮落"时的狂喜，以及那时想要将其通过自己的建筑完美展现出来，而拼命投身于设计中的心情。从这个经历中我第一次体尝到"认知更新"带来的乐趣，直到今天我都仍然很珍视这种感觉，并一直努力践行以再次实现"认知更新"。

半建筑

II

日本建筑设计师 长坂常 设计理念

[日] 长坂常 著

[日] 堀川英嗣 译

聽松文庫
tingsong LAB

上海人民美术出版社

長城建築學

長坂堂建築

半建筑 II

日本建筑设计师长坂常设计理念

目录

半建筑 Ⅱ　日本建筑设计师长坂常设计理念

半建筑 II

日本建筑设计师长坂常设计理念

代序

山中一宏 [武藏野美术大学 教授]

"我提议 16 号馆教学楼的建筑设计不以竞标形式选定建筑师，而是直接以指名委托的方式进行。"这是我在武藏野美术大学要新建 16 号馆教学楼的第一次校内会议上的最初发言，我清楚地记得与会人员难掩惊讶之情。也许是因为我提案的内容与传统的大学体制内的会议格格不入，又或者是因为我强硬的语气，会场的氛围顿时凝固了。

毫无疑问，在参加会议的大学骨干教授和行政人员中我资历尚浅。一位前辈教授说："本校的毕业生中也有适合担任这个项目的优秀建筑师，从中选择是理所当然的事情。"而我强烈反驳："行不通，您这是落后的建议。"第一次会议就这样结束了。

半建筑 II 日本建筑设计师长坂常设计理念

回想起我刚来这所大学就职教授时，撤换了研究室的大部分教师，一时间校内校外树敌无数，也是在那个时候，一位老朋友善意地提醒我："你这样做下去，总有一天会被捅刀子。"但我不信邪，始终在心里给自己鼓劲儿："我的教授工作职责不是为了大学，而是为了学生。"

很快在第二次会议上，我继续提出："在之前的校内建筑项目中，竞赛选拔的结果未必是好的。显然从长远来看，一个受委托方信赖的建筑师，能带来更好的结果。"后来逐渐出现了一两位成员表示赞成，之后大家就半推半就地通过了我的提案直接指名委托 16 号馆教学楼的建筑设计。我至今记得当时因为担心决定会被推翻，所以赶紧将话题切入工期安排问题上去了。

第一阶段是讨论 16 号楼如何在校内选址，但很难找到合适的位置。校方说："可以在校园北边仓库板房区后面为你们腾出空地，但你们应该不喜欢那么偏僻的地方吧。"我作为一个乐于突破一切逆境的人，看都没看就仅凭直觉回答道："我觉得那里很不错！"

半建筑 II

日本建筑设计师长坂常设计理念

随后，我们去了现场。那里是学校最边缘的地方，位于仓库板房林立的最深处，四周杂草丛生，随风摇曳，让我不禁产生了怀疑：我们大学里竟然还有这种地方？而后忽然惊喜地想到：若是在这里，我们就可以在校园主要行政楼的视线之外，创建一个类似于秘密基地的创意空间！现在我仍然记得当时的兴奋。于是，我没有说"这里也行"，而是回答说："这里很好！"

　　我最初是通过《DOMUS》杂志上刊登的 Sayama Flat 知道长坂常的。他的建筑设计风格仿佛让我看到了不该看到的东西而怦然心动，在他的 Schemata 建筑事务所作品中，有许多精彩的"完整"的建筑设计作品，但我个人对这些项目并无兴趣，我至今仍然只喜欢看起来貌似未完成的设计作品 Sayama Flat。

　　长坂常先生曾写过一篇关于 16 号教学楼设计委托的文章，说我是在看到他设计的表参道 HAY 之后联系他的。但事实上并非如此，我是在委托之后很久才看到 HAY 的。因为我并不在意这些，所以这一点从来没向他指出。

　　我和长坂常先生的故事要从 2016 年开始说起。当时我和

半建筑II

日本建筑设计师长坂常设计理念

长坂先生为了另一个项目一起去中国，从羽田机场起飞后我们一直谈笑着聊天，直至飞机降落，我们从大学设计教育的话题"设计这一门学问能否通过课堂传授"一直聊到教育环境的问题，谈到大学相关话题时，或许是他回忆起了学生时代的自己，长坂常从学生视角探讨教学楼建筑空间的话给我留下了深刻的印象。经此一聊后我确信如果是长坂常做建筑设计的话，肯定可以颠覆陈规地创造出我理想中让学生成为空间的主人和主角、具有真正创意性的建筑空间。

在具体谈论设计委托时，我并没有特意提出具体的设计要求，只说明了建筑规模、预算和工期，我很希望他能自由思考。后来他问过我的想法，我就给他发了张荷兰设计师尤根·贝[Jurgen Bey]的工作室照片，在光线昏暗的、如同快递公司的大型仓库空间里，由方木和胶合板自由组配出的桌子，还有类似临建小屋散置在四周角落，长坂常只回了句"很好啊"！就此我们在设计方向上达成了共识。我们关乎建筑设计样式的讨论，只此一回。

之后，在建筑设计推进过程中，校方出现了一些在我们预

料之中的问题，我在武藏野美术大学校委会和长坂常设计事务所项目负责人会田伦久之间，扮演了很长时间的调解员角色。我从一开始就预知到项目进行过程中或多或少会出现摩擦，出现摩擦在一定意义上反而能够促生出更佳的成效来，我很享受过程的坎坷。

16号教学楼建成，我发自真心地觉得它还是过于完美了，与我预想的"未完成的建筑"效果还是有所不同，长坂常似乎也有同感，我们想象的教学楼空间，在今后的实际教学使用过程中，学生们可以破坏、重建，一开始稍微有些不协调，对尚不习惯的新事物充满期待，欣喜又兴奋，这样的教学楼才是最好的教与学同在的场所。

有一次，我和长坂常戴着安全帽到项目现场检查施工情况，面对整栋大楼只搭建了粗糙的地板、柱子和墙壁，素面朝天的样子，却让我真切直观地感受到建筑物腾升出的强大能量，我兴奋地说："就此停工吧，这样就好！正是我想要的样子！"长坂先生也笑着同意，但考虑到实用性，施工继续进行。不过，直到现在我仍忘不了当时所见之感，偶尔还会拿出当时施工现

半建筑 II

日本建筑设计师长坂常设计理念

场照看看。若有下一个项目，我还想建一座尽量还原这张照片的建筑，尽管我知道这是难以实现的。并且我热切地希望到那时能与长坂先生再次合作。

如今，16号楼正在学生和我们教职工的加工下，按照建筑师的设计预期持续发生着变化。这栋建筑是一栋"一切皆在改变"的鲜活的教学楼。

环境影响创作，这样的环境正以无形的影响，融入思考、创作、设计的作品中，这正是我所期待的真正的创作氛围。我期待，在这里，诞生超出预期的、前所未有的新生设计。

2023年11月14日

半建筑 II

日本建筑设计师长坂常设计理念

由来

长坂常

实际上我在这本《半建筑》之前，出版过另一本名为《半建筑》的书。然而，其内容却截然不同。

2020 年，中国的听松文库编辑事务所提出想要将我旧作中的《B 面变成 A 面之时》[大和 press，2009 年。增补版为鹿岛出版会，2016 年]、《我的想法》[LIXIL 出版，2016 年] 和《Jo Nagasaka/Schemata Architects》[Frame Publishing，2017 年] 等书汇编成一本书。起书名的时候，听松文库提出"希望用中文将长坂先生的工作理念表达清楚"。

我思考后提出了"between architecture and furniture [建筑和家具之间]"这一书名，但被听松文库大喝一声说"太弱了"。

半建筑 II

日本建筑设计师长坂常设计理念

听松文库坚持认为应该起一个更具冲击力的书名，于是，编者朱先生提出了"半建筑"这一书名，仅用三个汉字就将我的工作定义表达得清晰明了。汉字竟能这样用啊，我从中国人身上学到了汉字的使用方法。

如果把书名定为"between architecture and furniture"，那既不是建筑师，也不是室内设计师，更不是家具设计师，的确很难界定我工作的范围，也会有难以后续衍下去的问题。所以说"半建筑"这样明确的定位是有必要的。一旦在书名上用足以统括我设计概念的新名词"半建筑"来描述我的设计工作，确实一下子就有了恍然大悟的感觉。从此后，我们把这个概念放在工作的核心位置进行思考，能更加专注地投入其中，工作也更加顺利。

对于《半建筑》这一书名，不仅是我，周围人的反响也出乎意料地好，大家都异口同声地说"像常［长坂常］的风格"。然而，就在听了大家的感想反馈后，我微妙地注意到，与我之前设想的"between architecture and furniture"相比，更多人对于"半建筑"一词，其实是以"完成一半，也就是未完成"的意思来解读的。

半建筑 II　日本建筑设计师长坂常设计理念

别人眼中的我和我认为的自己之间有很大的偏差。我又发现这种认知上的"偏差"很有趣，很值得尝试去做更深入的思考挖掘。如果把我迄今为止所做过的工作、关心的事情都融入到"半建筑"一词的意义当中的话，将会是一本如何有意思的出版物呢？基于这样的想法，我就尝试从头开始再写一本《半建筑》。一本作者相同、书名相同，但内容绝不相同的书。

如果把撰写这本书也当成一项设计来做的话，那么这种开始方式确实很像我在做建筑设计时的工作方式。与完全从零开始设计全新建筑的项目相比，我平日里做的最多的是将旧建筑翻建以调整其使用功能的设计工作，所以常常以改变旧有建筑物的功能生发新认知来激发我的设计神经，换句话说，就是"认知更新"。

如今，主动去了解自己以往不熟悉的东西，然后把获得的新认知，通过我的设计理念和手法，传递给大家，已成为我设计思考的根本。

"认知更新"这一概念，其实是我在东京艺术大学上学时，从担任二年级设计课程的汤姆·赫尼根 [Tom Heneghan] 老师那里学到的。当时的设计课题是：以芝浦运河为地基，在其上方建造

半建筑 II

日本建筑设计师长坂常设计理念

一座只有一条单轨铁路的车站。

在这个课题的开题报告中，如果没有阐明你对于这片地基形貌特征的发现，就无法说服老师让你进入下一个阶段去绘图室画图纸。有那么一些同学，因为一直找不到地基特征而没完没了地被老师滞留在一这阶段继续思考，最后，甚至还有同学穿着浮潜设备潜入臭水沟般脏臭的运河里去寻找启示。所幸我在这之前已经有了一些自己的新发现，而不必随他们潜入臭运河中去摸爬。我偶然发现运河堤坝的墙壁上有一条水线痕迹，因其与实际的水位之间还有一段距离，所以我知道了芝浦运河的水面位置其实上下变化很大；同时注意到芝浦运河虽是一条运河，但因其离海近，所以水位线还是会受到潮水涨落的影响这一特点。于是，那个课题作业，我利用海水潮汐的动力，设计出来一座依据季节变化而改变营业时间的澡堂，而并非单轨车站。我至今仍然记得自己发现"运河居然也会潮涨潮落"时的狂喜，以及那时想要将其通过自己的建筑完美展现出来，而拼命投身于设计中的心情。从这个经历中我第一次体尝到"认知更新"带来的乐趣，直到今天我都仍然很珍视这种感觉，并一直努力践行以再次实现"认知更新"。

半建筑 II

日本建筑设计师长坂常设计理念

与"半建筑"这一概念名词相遇，本身对我来说无疑也是一次重要的"认知更新"，在撰写本书时，我想从"半建筑"一词出发，整理积累在我脑海里的各种设计工作经验，继而有新的发现。

半建筑

01

混凝土丛林

　　十五六岁的时候，堂兄带我去参加了武藏野美术大学学生
组织的露营活动，还在那儿跳了雷鬼舞。之后，雷鬼音乐的节
奏就一直萦绕在我耳边挥之不去，于是我下决心去了一趟千叶
县流山市江户川台站的 ILOVEYOU 音像店，这家店可以租借唱
片。我在店内为数不多的雷鬼音乐唱片中，借到了鲍勃·马利[Bob
Marley]、吉米·克里夫 [Jimmy Cliff]、UB40 的唱片开始听。

　　那时的普通初中生大都喜欢 BOØWY、REBECCA 或者南天群
星乐队 [Southern All Stars]，其中有些早熟的初中生，还会喜欢杜
兰杜兰 [Duran Duran]、范海伦 [Van Halen] 或迈克尔·杰克逊
[Michael Jackson] 等。我曾自豪地对他们说"我喜欢雷鬼音乐"，

却没有引起他们的共鸣，顶多是被回问道："雷鬼？是什么？"那以后，我再也没跟任何同学提起过雷鬼音乐，只在自己的脑海中不停地唱哼着恰卡恰卡的旋律，我成了一个不为外人知的隐秘雷鬼乐迷。

上了高中之后我才得知，我的初中里至少还有 3 名不动声色的隐秘雷鬼乐迷。原田亮太郎是其中一名，虽然我们在初中部里便彼此相识，但并不曾多说过什么话，他后来组建了 DUBSENSEMANIA 乐队。

当我家从江户川台搬到一站远的运河站时，恰巧亮太郎一家也搬过来了，我们在车站偶遇，不知不觉中便聊了开来。好像是从当时流行的枪炮与玫瑰乐队 [Guns N' Roses] 聊起来的。

那时候，像我们这样的高中男生们讲起自己的时候，经常会从喜欢的歌手和歌曲开始说起，我和亮太郎当然也不例外。聊了几次后，开始串门。记得有一次，我们一边音量很大地放着滚石乐队 [The Rolling Stones] 的歌曲，一边喝着饮料，正当其乐融融之时，亮太郎从唱片架上拿出了一张好像是 SLY & ROBBIE，抑或是别的雷鬼音乐的唱片，我顿时大吃一惊，不自禁"啊"地

半建筑Ⅱ

日本建筑设计师长坂常设计理念

叫了出来。原本寡言少语的两位雷鬼少年，便像开了挂一样，滔滔不绝地开始谈论起各自知道的雷鬼音乐知识。在高中同属成绩落后生的我们，因为雷鬼音乐，成了志同道合的好朋友，我们变得兴奋不已。

后来，高考的时候，我们两个人都毫无悬念地落榜了，然后再一起去上高考补习学校。

很快，我们探知在四谷三丁目有一家由冈田春女士和她母亲一起经营、专门售卖雷鬼音乐的唱片店——Sound Terminal［音乐终端］。那时我母亲给我大概 500 日元的午饭钱，我就买 100 ～ 200 日元的法式面包，喝些自来水来填饱肚子，然后把剩下的钱都攒起来买当时一张 2000 ～ 3000 日元的唱片。买不起唱片的时候，也会在补习学校放学后相约来到 Sound Terminal，在狭小的唱片店里消磨时间，一边挑选着下次要买的唱片，一边向春女士请教雷鬼音乐的事情。在与春女士的交谈中，我们知道了"命之祭"这个音乐节，并决定明年夏天去看看。终于我们二人都考上了大学，那个夏天也如期而至。1991 年，"NO NUKES 命之祭"在青森县的六所村举办，我乘坐亮太郎开的车，千里迢迢地奔去了现场。

半建筑 II

日本建筑设计师长坂常设计理念

NO NUKES 命之祭 [六所村，1991 年]。只带一条睡袋就能到处跑的时候。

到了那儿之后，发现原来这是日本嬉皮士的活动。大家一起布置活动场地，包括搭建户外舞台、休息的帐篷等，聚集在这里的有阿伊努族的土著，以及一些实践拉斯塔、冥想和自然疗法等的人们。在那里，我们每天都在户外享受着雷鬼等音乐会，大家一边跳着舞，一边一起准备吃食，过得非常开心。

现在回想起来，我们应该是参与嬉皮士活动的最后一代人了。对于一个十八九岁的男孩来说，那时的每一天都充满了刺激。

首先，我们搭建好自己的帐篷，确定生活基地。记得那个夏天雨水很多，我们学会了如何使用被雨水淋湿的树枝生火，以及如何在下雨时防止帐篷的地垫被弄湿，并付诸实践，然后大家一起搭建舞台。而我因为不会表演无法登台，所以尽可能地在舞台搭建上卖力气施展本事。在这样的日子里，我认识了很多人，学会了很多新技能，我直觉地意识到自己慢慢地成长了，这让我感到开心。后来，我还跟着我崇拜的 BO GUMBOS 的久富隆司 [Donto] 等大哥大姐们一起去了阿伊努小镇——北海道平取町的二风谷，每天晚上都围着篝火听他们的音乐，那是非常美好的一段经历。

半建筑 II

日本建筑设计师长坂常设计理念

体验过这段经历之后，回到了东京的少年，脑袋开始膨胀，无法回归常规的生活，开始四处找寻自我。竟然买了面大鼓回来日日练习，但怎么练习都达不到上舞台表演的水平，虽然我原本也从未想过要在众人面前表演，也没有那么喜欢抛头露面，只是心里不想和大家分开，希望能够和大家一起参与其中。

于是，我最终决定从事幕后工作。

我想要做的幕后工作是：花时间思考并制作一个可以让表演者无尽展现他们魅力的舞台，我开始沉浸于"理想的舞台"的构想并设法尝试着将其实现。慢慢地，我开始不怎么去学校上课了。

再后来，我完全不去大学了，整天都在秋叶原的一家室内装修设计公司里打工。几乎同时间，我正好在堂兄的推荐下开始阅读西冈常一的著作，受书里内容的影响，觉得成为一名木匠也是一个不赖的选择。现在看来我笨手笨脚的，幸好当初没有冲动当木匠。我打工的这家公司很有趣，不只承接设计工作，还负责施工监理，虽然当时我只是个打短工的行外人，但公司还是会委派我接触一些搭建轻型钢结构 [LGS]、贴板材、涂抹腻子和涂料

半建筑 II　日本建筑设计师长坂常设计理念

等的工作，这些工作让我很受益。碰巧这家公司的总经理是东京艺术大学美术学院建筑系的毕业生，受他的影响，我对去美术大学学习建筑有了朦胧的憧憬。其间，我和亮太郎又自发地在江户川和利根运河的合流处、一个围着堤坝的平坦地方做过几场户外演唱会。同时，我们也都在拼命找寻自己真正想做的事情和摆正自己的位置，但怎么都没有找到突破口。沮丧之余，我决定去读书。

在当时的选项中，我觉得武藏野美术大学的空间演出设计等专业最切合我那时的趣味。但因之前已经有过考入私立大学就读一年而退学的不良前例，所以就算我提出想再去考私立大学学习美术，父亲也很难会同意，于是我只好在公立大学中挑选学校，最终选择了东京艺术大学建筑系。首先，我觉得学习建筑的话，就能够设计出舞台、展示区等艺术家表现自我的场所；其次，我发觉继续和这些习惯了散漫生活方式的朋友们一直玩乐的话，我就不能全心全意备考，那样的话肯定是考不上公立大学的。所以我找了个机会对他们说："我要学习建筑了，暂时不能和你们一起玩了。"

半建筑 II

日本建筑设计师长坂常设计理念

我现在已记不清是谁曾对我说的，应该是当时一起玩儿的前辈吧，他犀利地问我："你还想要建造混凝土丛林呀？"可能是说者无心而听者有意的缘故吧，这句话已成为我设计建筑时的座右铭，如同警钟一般，时时会在我耳边响起，指导我调整自己的设计思路、修正设计方案、确定设计方向。

半建筑 II

日本建筑设计师长坂常设计理念

半建筑

02

Schemata
工作室

Schemata 的处女作『KATO』交货的前一日［1998年］。晚上和堀冈喝酒。

　　虽然，我始终觉得一名大学生大学毕业了就得早点儿去工作，但当时东京的建筑设计事务所招收新人学徒的规矩很严格，我就心生了胆怯，怎么都无法说服自己下定决心去安心就职，我就故意耗在 C+A［Coelacanth and Associates］公司的小岛先生那里帮工做了几个月事情，以拖延去就职面试的时机。其间相继有人委托我设计一两件零散家具，于是，我就和一年多来同样无法下定就职决心的仓岛阳一合作着手这项工作。

　　仓岛也毕业于东京艺术大学，是比我大一级的学长。

　　接了订单，就要着手制作家具，着手之前，肯定是要先听听客户的意见的。有一天，我和仓岛要一起和委托人见面，如果

工作室 Schemata 的成员：
仓岛阳一、长坂常、堀冈明
彦 [1998 年]。

只是我一个人的话，光准备自己的名片就可以了，但因为我们是两个人，就商量着是否要起一个工作室名称来印制名片，以便于让人看着比较有正式的感觉。我骑着摩托车载着仓岛一同来到六本木的青山图书中心 [AOYAMA Book center] 站着翻阅书籍，看看能否找到可以用作名字的酷炫词语，无意间我看到了"schemata 【scheme［方案］的日耳曼语语源】"一词，就这样，这个词就成了临时的工作室名字。我并没有将这本书买回来，只是把这个词记在笔记上就回去了，随后我们自称"Schemata 工作室"，立刻印制了名片。说实话，我不曾想过"Schemata"这个临时起意的名字竟然能一用就是二十多年。多年过去之后，外国同行和客户了解我们工作室的机会增多了，于是就发生了奇怪的事情，他们总是把"schemata"叫成"suchemaata"或"sukimaata"。我至今都没法对他们的错误读法进行纠正，"我们叫 Schemata"，但不论外国人如何念我们工作室的名字，这个工作室仍然在正常运营。

Schemata 设计工作室就这样开张了，最开始的一段时间，根本没有与建筑相关的项目来委托我们，与家具相关的工作也少得可怜。于是我们就接一些画建筑透视图、制作网站之类的

半建筑 II

日本建筑设计师长坂常设计理念

工作来做。[应该已经过"时效"了吧] 我还特别记得有一个从美国委托过来给迪士尼乐园的"小熊维尼猎蜜记 [Hunny Hunt]"建模的小工作，我们先把小熊维尼裁成数段，然后一边扫描断面，一边绘建小熊维尼的钢骨结构模型。我们俩坚持不管多穷困也绝不做和建筑无关的工作，这是我们曾商量好，也是我们接活要坚守的底线。

我们两个人轮流守着电话，希望有电话打进来委托我们工作，可电话就是一声不响。既然是事务所，有电话打进来却没人接的话并不是件好事情，所以我们两个人中若有一个人不在，那么另一个人就得留在事务所里守着电话等待铃声响起来。即使如此，电话也一直安安静静的，铃声并不曾因此响起过。

这样的日子一天天过去，我们几乎要心灰意冷了，却迎来了获救的时刻。我和东京建筑师永山祐子女士在"C+A 开放式办公桌"的时期熟悉起来成为好友，之后她去了青木淳建筑设计事务所工作，在独立负责"L 邸"设计项目时，偶尔会过来我们事务所串门儿，跟我们商量 L 邸住宅里的跟家具设计相关联的事情。除了聊些工作相关内容之外，我还聊了些别的我知道

和感兴趣的事情，她听得很入神也很开心，然后就给我送来了大米等，这对当时已经处于极度贫困状态、每天靠着对建筑设计的热情和吃100日元的麦当劳勉强糊口的我来说，可以说是帮了一个天大的忙。后来有一天，青木淳先生对永山祐子说"既然你们这么聊得来，那我也想去和他们聊聊设计的事儿呢"，于是他们就来了我们简陋的事务所。青木先生告诉我们可以自由设计L邸的家具，这让我感到非常高兴，那时永山祐子已经设计出了效果很棒的家具样式，但还没有找到能把她这个设计完美呈现出来的方案，于是我们就和永山祐子一起研究家具制作的材料、结构等具体细节，提出建议方案，然后由我们自己来完成家具的制作。最终的家具成品做出来以后，青木先生看到说"非常好，非常开心"。不久后，青木先生设计的青森县立美术馆在建筑设计竞标中胜出，并且要搬到新的事务所，便委托我们为他的新事务所设计制作家具。我们决定制作一面隔墙和搁物架子，我自己很满意它们的完成度，就以青木先生的姓命名它们为"青木隔墙""青木搁物架"。现在回想起来，我那时竟敢那样起名字，而青木先生竟然也宽容大度地接受了这样的

半建筑 II

日本建筑设计师长坂常设计理念

叫法，是一件对我们来说很有鼓励意味的事情，我清楚地记得那是 2000 年 5 月份。

自从 1998 年大学毕业开始独立设计工作以来，这次青木隔墙、青木搁物架的工作，让我们逐渐开始接到室内装修设计的工作。另一方面，Schemata 设计的门户网站"AOHARA"介绍了以青山、原宿、涩谷为活动中心的独立创作人，并因时代机遇受到大家的关注。由于接受了曾委托我们设计办公室的 esamsung 的投资，AOHARA 便作为初创的小微企业的形式，从 Schemata 中独立出去了。同时，合伙人仓岛带着后加入我们的新成员堀冈明彦一起从 Schemata 独立了出去，成立了 A.C.O. 股份有限公司。于是，空荡荡的事务所里只剩下我一人，我一边从广告代理商那边接受各式各样的工作委托，一边依旧做着空间设计，以此勉强维持生计。

时间进入 2002 年，我获得了一个难得的设计机会，为一座名为"haramo cuprum"的新建筑做室内设计，这是一座占地面积 1600 多平方米的集合住宅，住宅的室内部分还处于尚未开始设计的阶段，在这个节点参与这项工程对我来说真是一件非

常幸运的事情。这个设计项目持续了两年，2004 年这个工程竣工时，这位客户又委托我设计了一座约 1000 平方米的新建集合住宅 "haramoS1"，并于 2006 年竣工。1998 年之后的 8 年间，我的设计事务所一直有两三位员工，也像个事务所的样子了。可若要维持两三人的生计，就仍然要和之前一样同时承接家具设计、室内装修设计以及新建筑设计工作。有时候还会接受一些自建工作，就是要自己拿着冲击钻去施工的项目。

半建筑 II

日本建筑设计师长坂常设计理念

03 脱离桌面设计的建筑

在东京艺术大学学习建筑的时候，我们班里共有 17 位同学，其中有哪怕是手里只有一节短铅笔头也能画出完成度极高的效果图的同学中山英之，以及在每次课题作业中都能画完两三本草稿本的西泽彻夫等能力很强的人。和他们在一起，经历的每个课题相互间都会感到有一种无形的竞争压力。那时我一直在努力制作模型，虽然我不是一个手巧的人，没办法制作出让同学们惊艳的漂亮模型，但我制作模型时，最开心的便是能享受到投入解决造型问题的忘我过程中，我总认为深入思考造型问题的角度比模型漂亮与否更重要。每次完成模型作业，天已经快亮了，我才匆匆忙忙忙去睡一会儿觉。

半建筑 II

日本建筑设计师长坂常设计理念

在做模型的过程中，总让我感到不可思议的是，在 1:100 到 1:200 的比例之下能制作出自认为不错的模型，然而，当完全按照原比例缩改为 1:50 时，空间感就突然变了，会迫使我再以 1:50 的比例重新调整模型，这样改来改去，我的模型始终乱糟糟地像未完成的草稿，直到现在也依旧如此。记得有一次，WELCOME 的横川先生当面把我们的模型拆得七零八落，同时说道："长坂常制作的模型修改起来比较容易，而 [Wonderwall 的] 片山君制作的模型太过完整，已经接近成品了，没办法再进行修改。"对于我来说，重要的是，模型完成并不等于没有任何问题或无需再进行任何改动，我喜欢的是一种无论何时都能进行调改的状态，这种想法至今仍存在于我的创作过程中。

　　我读大学二年级的时候，美国建筑设计师阿里桑德罗·柴拉波罗 [Alejandro Zaera-Polo] 和法尔希德·穆萨维 [Farshid Moussavi] [FOA] 在横滨港跨海大桥国际客运码头的设计竞标中胜出。他们设计的波浪状的三维造型的全新方案，让我意识到在建筑设计中运用电脑技术的必要性，于是我就买来了电脑并开始使用 formZ [三维建模软件]。虽然我的思维和思考方式并没有改变，但

我的建筑草稿却从手作模型变成了用电脑构建 3D 模型。虽然通过这样的改变，我学会了在脑海中构建三维立体网格，并通过坐标进行设计，但这种在白色立体虚拟空间中进行设计的工作方法，使得我渐渐远离了对建筑同其背景之间的联系的深入思考。刚开始时，我并没有意识到这对于建筑设计思维来说，将是一个严重问题。

后来，我就这样毕业了，很快成立了自己的事务所，开始承接各种工作项目，也就在这个时期，我感受到电脑屏幕所呈现的虚拟空间和真实的空间环境之间，存在着巨大的矛盾。只面对电脑进行设计时，背景是纯白的，设计者在完全孤立的一片白底上，一点一点地刻画自己对建筑空间的构思。但现实世界里，日常生活环境却总是充满着无秩序的气息，这让我深深感到电脑虚拟空间的纯白背景和我们日常生活背景之间水火不容的巨大差异。

为了填补这个差异，为了将这个虚拟白色空间和现实空间的无秩序重叠起来，我觉得有必要把自己的事务所设置到马路旁熙熙攘攘的有人间烟火气的地方。也就在同一时期，我认识了从大阪过来的中村修平，他主要在我相对陌生的涂装领域打拼，为

半建筑 II

日本建筑设计师长坂常设计理念

了解那个领域，我也会主动参与他的项目。中村君是创造力旺盛的人，不断有新作品创作出来，为了让大家能更快更多地看到自己的设计成果，中村君提出要将事务所搬到临街的位置上去。我们在选择事务所地点上不谋而合，便决定合租一处更为临街热闹的大空间来当作事务所。于是，我们天天骑着自行车，在东京的中目黑一带，寻找可以用作事务所的街面空房。当时，我们人手一张复印的中目黑地图，沿着地图上标示的门牌号，不放过任何地方，在地图上逐一打勾核对，挨家挨户搜寻着空房。

　　我现在新搬在北参道的事务所空间，是由相熟的房屋中介木村先生介绍的。以前我常常会唐突地询问诸如"有没有不在租房信息上的空房呢？如果不住人的话，是不是有可能租得到呢？"等冒昧的问题，木村先生从不会表示出厌烦情绪，总是耐心地将他查询的结果介绍给我。在仔细听取木村先生意见的过程中，我渐渐开始对怎么寻找房子这件事变得敏感了。有一回，我忽然想起，位于驹泽路上一处临街大楼的玻璃窗上，贴着一家小房产公司手写的招牌名号和联系电话，我曾来回多次经过这里，却从未上心在意地停下来看过。于是马上调转自行车头，

半建筑 II　日本建筑设计师长坂常设计理念

按地址找到了那间房产中介公司，工作人员说："你们的嗅觉还真是敏锐呀！这广告我们才贴上去不久呢 。"这就是后来成为我们的共享事务所空间 HAPPA 的保井大楼。

就这样机缘巧合，我们立刻租下了保井大楼临街的整一层空间。空间很大，对于我和中村修平两个人来说，大得有些太奢侈了。经营画廊的青山先生经过熟人的介绍加入后，我们三家小小的独立事务所开始合用这个空间。虽然三家事务所的工作内容各自独立也都不一样，可拥有极强的自尊心同时又没什么经济实力却是共同特点，因此，我们一边相互交流设计改造的想法，一边自己动手画设计图和装修施工。在这一过程中我们面临的问题是，该如何打造 HAPPA 这个共享空间的核心形象主体"青山｜目黑画廊"。我先入为主地认为既然是画廊，那么墙壁自然应该是白色的，但是青山先生却反对说："没必要刷什么涂料吧！""一旦开始刷涂料的话，装修过程就没完没了。"听了他的话，最终我们决定不刷任何涂料。由此，排除了固有的对表［刷白色涂料］里［不刷涂料］主次的空间认知，同时产生了一个"没有表里主次区分"的新的空间关系。这样的空间新关系，

半建筑 II

日本建筑设计师长坂常设计理念

产生出包容力，能把无论什么样的状态都衬托得看起来出人意料地赏心悦目。哪怕是摆放无序散乱的物品，也会让人觉得其中蕴含着某种艺术逻辑似的，正因为有了这样的空间包容性，我们随心所欲地在那里尝试了不少实验性的展览展示方法。也有一些作品正是从这样的环境里才诞生出来的。

　　搬进 HAPPA 共享空间之后，我很想设计些新作品来展出，于是创作了一件特意将光纤管折弯，改变了原本材料用途，却不影响照明功能的灯具作品"Kurage"。这之后，我又偶然间创作出了"Flat Table [平板桌]"[97 页]，再后来，我从"津轻涂"这种日本传统漆器的制作方法中得到灵感，用落叶松胶合板和水性涂料创作了"ColoRing"[111 页]。为了改造劳埃德酒店 [Lloyd Hotel] 的餐厅，我用聚氨酯绵和绳子的结法创作出了几个形状不同的"SHIBARI"[绳结]。竹子这种材料拥有无可替代的使用价值和观赏魅力，利用橡胶和竹笼各自具备的材料特性，我在思考如何改造一些力学结构而将他们连接到一起的过程中，重新打造出了一张可正常使用的长条竹椅。

　　在 HAPPA 共享空间的工作期间，我开始体会到"在自己的

事务所里亲手设计、亲手制作作品的过程都被展示在大家的视线里"的兴奋感，这是我的一个重要的自我发现。也就是说这是我第一次体验到"创想作品和现实生活"的重叠。这时，我才理解当初我想在临街空间里想事情的实际意义。

当我觉察到这种"表里主次合一""创想与现实无缝重叠"的创作方法其实也非常适合自己的那一刻，我的作品样貌开始出现质的变化，我开始有意识地脱离从前那种依靠电脑桌面的空想型建筑设计方法。

半建筑 II　日本建筑设计师长坂常设计理念

　　我大学毕业那会儿，建筑和翻造、改建并无牵连关系，指的就是新造的建筑，那时候，Instagram 和 YouTube 这种如今流行的社交媒体还没有出现，杂志是媒体的主流代表，所以将竣工照片刊载于杂志上，对于作品发表来说是非常重要的环节。当时备受瞩目的建筑师大多会在 30 多岁时设计一栋小型住宅，这是年轻一代建筑师走向成功的唯一敲门砖。在我看来，尽可能地把设计好的小型住宅空间拍摄得更有引人关注的魅力、刊登到有名的建筑杂志上让更多关心建筑设计的人看见，似乎是很要紧，也对以后工作发展有很大帮助的一件事情。我注意到，像《Pen》《Casa Brutus》那些杂志上登载的青年建筑师住宅作品专集，是

很受欢迎的杂志专题内容。刊载在杂志上的照片，大都用超广角镜头从正面拍摄，空间看起来比实际的更大些，很多照片不拍进人物，都是非常干净利落的空间场景。我之所以能这样以旁观者的身份观察到这些情况，从结果上来说，是因为在当时，我并没有获得可以设计那种住宅建筑的机会。那么，在那个时期，我在做什么呢？当然了，虽然没有到设计整栋建筑空间的地步，但我还是会做一些和建筑相关的透视图、网页的设计工作，更多的时候会做一些家具和室内装修设计的工作。

　　大约在 2001 年，我有机会协助刚成立不久的蓝色工作室 [Blue studio] 进行工作。说起来蓝色工作室的大岛芳彦先生还是我的恩人呢，我投考东京艺术大学前曾和他请教过去哪里上美术考前补习班的事情，他当时在武藏野美术大学的建筑系，住在被称为"公立 House"的地方，那是专为美军基地长期在留的工作人员盖的公租房。公租房里的空间设计并不复杂，但天花板层特别高，和我们平常看习惯的房屋构造有很明显的不同，对于记事以来从未去过美国的我来说，美国式住宅的样子似乎就是这感觉吧。因为

半建筑 II

日本建筑设计师长坂常设计理念

憧憬大岛先生那样的大学公寓生活，我便决定报考东京艺术大学主攻建筑专业。之后过了很长一段时间，大岛先生告诉我他从石本建筑公司辞职出来，已经独自创立了蓝色工作室，在与大岛先生聊到具体要做的工作内容时，大岛先生竟然说"要对既有公寓做旧房改造的设计工作"！最开始我完全不敢相信，而且在此前我也从未了解过"旧房改造"这个设计新概念。虽然我知道社会上有一类在设计上狠下功夫、专门给富裕阶层提供个性化生活方式的设计师公寓，但我还从未想到我们这样的普通人群居住的租赁房，也可以成为设计的对象。然而当我联想到大岛先生曾租住生活过的美式公租房时，开始相信在大岛先生心里，"经过设计的租赁房在一定程度上可以改变和提高居住人群的生活品质"，或许已然是一件可能达成的事情。但我依然想象不出大岛先生会如何具体去做好这件事，好奇心作怪我又特别想知道他会怎么做，便请求大岛先生让我去他那里搭手帮忙，无论让我做什么都可以接受，他便带着我一起工作了。

当时大岛先生给我 30 万日元设计费让我帮忙做几项空间设计工作。因为设计费从公寓的租金中来，可想而知改造设计的经

费已经捉襟见肘。大岛先生除了要做改造的设计之外，还在雅虎等平价网站上淘购热水器、照明用具等所有可以淘到的日用器具，买回来后也是自己安装，甚至连招租的工作都不假人手，亲自在做。所有自己能动手的事情都是他自己做，大岛先生至今仍旧延续这样的做法。到如今我都很感激这次令我开启设计新认知的工作机会。不久之后，大岛先生的改造设计行为逐渐在东京引起了有识人士的关注，随之兴起的 R 不动产等新兴房地产公司，因为规模化作业，很快成为旧房改造设计领域的领头羊。这时，我注意到设计的意识正逐渐融入年轻人的日常生活里，由于大家的设计意识开始提高，设计行业出现了门槛降低的苗头。

"sumica" 是大岛先生的蓝色工作室早期改造设计的代表项目，我担负了空间规划改造的具体工作。那栋木制的老式公寓，即使以二三万日元的低廉租金也很难招来愿意租住的用户，因老式木结构公寓的硬件条件不符合日本的路面重建新规而无法重建，这让房主陷入了焦虑困境，当得知还有旧房再造设计这样的办法后，他仿佛看到了一线生机，跑来向大岛先生咨询，于是成立了 "sumica" 改造设计项目。现如今回过头来想想，还是会佩

半建筑 II

日本建筑设计师长坂常设计理念

服大岛先生的执着，执着到说服别人去实现一件既看不到成功前景也没有先例的事情。当然，不管是病急乱投医还是把死马当活马医，不得不说当时能那样破釜沉舟下定决心的房主，也是个厉害角色。大岛先生"sumica"改造设计项目的做法，确实是前所未有。项目落地后，对新生事物有着敏锐感知的年轻人，不知从哪里听到了消息，纷纷涌现出来递交入住申请，瞬间变得一房难求，甚至还出现了几十人排队等待入住的反常现象。我想就是在这个时候，时任 IDEE 总经理的黑崎辉男先生凭着精明商人的嗅觉，拉上建筑设计师马场正尊先生一起，在东京范围里启动了名为"R 计划"的城市再生改造项目。

几年之后，我看到了东京艺术大学的同学中山英之请来时尚摄影师冈本充男先生，给他名为"2004"[2006 年] 住宅设计作品拍摄的照片，心里"咯噔"一下，不自禁地有种"哎呀，还是被他赶在前头了呀"的感觉。大学时代起，中山君就是一个特例式的存在，当大家都朝着某一个方向去努力、去相互竞争的时候，中山君总能提出与众不同的方案，敏锐地找到另一个出口。况且当我们都通宵达旦地在制图室里，一边较着劲儿一边汗流浃

半建筑 II

日本建筑设计师长坂常设计理念

背地做作业，以期赶在截稿期前完成模型时，中山君每回都在截稿时间前一小会儿的时候，带着挑衅性的酷表情，悠冷地问我："小常，你的作业怎么样了呀？"这让我每次都产生一种失败者的心烦。

　　然而，中山君并不为标新而立异，反而他的提案具有很好的可行性，他仿佛在冷静地揶揄我等在设计思考中过于在意眼前的流行性事物。中山君设计的2004住宅建筑，内部空间也不宽敞，可以说是标准的狭小住宅。中山君的空间处理方法，并不是采用常规性地让这栋建筑物看起来更宽敞的办法，反而从小孩子的视角出发去处理空间关系，让人感到这室内空间虽小，却是孩子们的梦想城堡。拍惯时尚的冈本充男先生拍摄的照片，也不是以建筑摄影师常用的超广角镜头拍摄，而是以母亲般温柔的真实视角拍摄空间场景。我看见这张照片的瞬间，就觉得那些惯用超广角镜头拍摄出来的狭小住宅照片，都显得无比的陈旧老套，毫无新意。

　　具体的时间演变线我不大清楚，早前每年都会刊登在杂志封面上的青年建筑设计家作品专题慢慢不见之后，有一阵子，以"建

江户川台教堂［2006 年］。由牙科诊所改建而成。

充物改变固有的开口部分，这样的话会与主体结构的开口部分产生偏差。panda［2005 年］。可以用填

筑如何存在于生活中"为题材，带有生活感的场景照片多了起来，后来不知不觉间这类专题也少见了，代之以旧房改造设计的专题大量增加。这样的变化，反映了人们关注的重心从启蒙式建筑宣教转向获取参与式的建筑互动的乐趣上了。不止在日本国内发生了这样的变化，看过《Kinfolk》《Openhouse》等国际性设计导向杂志就能了解，同样的情况，在海外也同时发生着。然而，欧洲虽然也非常注重城市旧建筑的再生，但在城市的规划中，大规模的核心建筑规划仍在有序进行，城市的发展也还在继续着。相比之下，日本的城市发展规划虽未停止，但那些项目与小型事务所的建筑师们并没有太大关系，我们依旧只是按部就班地制造着过于讲求实用性的建筑。由此产生的城市建造上的格局差异，我觉得在如今东京和欧洲的街景中就可以体现出来。最近我去荷兰和丹麦出差的时候，常常能够强烈地感受到这种差异。

话有点扯远了，言归正传。在蓝色工作室的工作告一段落之后，Schemata 接到了房地产公司 UDS 的前身，即城市设计系统有限公司的设计工作委托，对整栋翻造的樱花公寓里名为

半建筑 II 日本建筑设计师长坂常设计理念

没有窗户时的 HAPPA［2007 年 5 月］。

给 HAPPA 安装窗户［2007 年 6 月］。

"panda"的房间进行改造设计，［2005 年之后，樱花公寓转由专门从事旧改工作的子公司 ReBITA 接管］还于 2006 年负责了江户川台教堂的改造设计工作。这几个项目都是以旧房改造为基础，都是以在改造中升级现有建筑的居住品质为目标而进行的改造设计。实际上，当初启动设计的时候，我还在心里琢磨着要是能当作新造建筑处理的话就好了。尽管我们做的是旧改设计，但我们设想的前提是将来没有人再来对我们的设计进行二次再造，使其能一直被使用并且状态良好地保存下去。可惜的是，江户川台教堂，最近被整体拆除了。

　　江户川台教堂改造设计工程竣工后的第二年，也就是 2007 年 4 月，我的办公室搬到了位于中目黑，驹泽大街的原物流公司停车场兼办公室的一层，是和画廊的青山先生、特殊涂装的中村修平一起合租的，并取名为"HAPPA"。因为没有什么资金预算，我们就自己进行设计和施工。搬迁的季节很舒适，不冷也不热，记得当时有整整 1 个月的时间，办公室没有装落地窗户，唯一的开口是卷帘门，早上打开后，白天就一直敞开着，像开放式街道办公室。很快，这里不是成了骑自行车爬坡的行人的

Sayama Flat [2008年]。去掉壁橱和隔扇之后，拆除厨房的后墙。

休息站，就是成了喝醉酒忘记怎么回家的醉汉的临时落脚点，有时候也充当人家约会见面时的集合点。于是，我们的办公室成了街道的一部分，我起先很享受这样的开放感。然而，进入梅雨季节后，雨水、潮湿，以及车辆噪声成了干扰我们正常工作的大问题，我们终于还是拆掉卷帘门，决定换装上大玻璃的落地窗户，但因为预算不够，原始建筑歪斜的主体结构实在无法与纯粹水平垂直结构的窗门相匹配，以致于墙窗结合部留下了多处缝隙，台风来临时漏水情况十分严重，一到雨多的天气，我们由于担心室内会遭受漏水破坏，就轮流彻夜守在办公室。后来，东日本大地震时，墙体晃动很厉害，好在我们选用的是软性材质的窗户，刚好还能消解一定程度的外力冲击，倒没发生什么意外的灾伤。只是，窗户间的缝隙还是没预算填补上，冬天的时候，原本已经很冷的室内环境，加上从窗门缝隙里吹进的寒风，工作环境更加雪上加霜。不得已，我们想到了用带拉链的保护膜覆盖正中央柱子的两侧以解决这一问题，并乐观地将其命名为"社会之窗"。

半建筑 II

日本建筑设计师长坂常设计理念

正好那个时候，UNITED 房地产公司的中村社长，在看到建造单价为每坪 [1 坪约为 3.3 平方米] 50 多万日元的"haramoS1"后，来到了我们事务所。当时中村社长半开玩笑地说："你们这些当建筑师的人可真是狡猾。拼命鼓动别人花大把的设计费把房子装饰得堂皇美丽，却把自用的空间打造得经济实惠还很时尚。难道给别人设计空间时就不能用这样的做法吗？"当时我手中几乎没有任何在进行的项目，刚巧被中村社长说的这两句话打动，就回了句"应该也可以这样尝试做一下吧"。就这样，中村社长的"Sayama Flat"改造设计项目，便由我们开始着手进行了，这个项目是按照每个房间做预算的，其中施工费 100 万日元另有设计费 30 万日元。

Sayama Flat 项目地上的原有建筑楼房，外立面是司空见惯的和洋混合设计风格，我们首先要做减法，将其所有外装和内装拆至毛坯状态，在不增加任何东西的前提下，对使用空间的隔断方式进行功能性重构。这一次，我并没有事先坐在电脑前画好图纸，而是带着原建筑的旧有施工图，在现场一边拆除，一边用红笔在旧有施工图上重新调整隔断布局做标记，同时其中的一小部

半建筑 II

日本建筑设计师长坂常设计理念

分自建区域，则是在我确定好调改设计方案后交给施工人员自主施工。这样工作了一段时间下来，Sayama Flat 改造设计工作便完成了。我们采用了减法，使用空间的很多地方都还留有不少毛坯建筑的痕迹，因为是出租房，所以允许租户们自主做些墙面刷涂料、加造简易隔墙之类的改造。

Sayama Flat 实际交付使用之后，我曾找到机会过去看了看各个房间被实际居住使用的情况，当我看到人们入住后按需求自主进行的二次加改，真心感觉到"真好呀"，因为之前我从未思考过在半完成状态下交付使用的情况，Sayama Flat 项目的经历，对我来说是完全新鲜的惊喜。

Sayama Flat 之前，我做过的 haramoS1，同样是出租房改造设计项目，中村社长也是看到了这个项目后对我们有了关注。haramoS1 的租户也是可以根据自己的实际需求对房间布局稍加改造，但在那个时候，我看到自己设计完成的空间格局被租户们自主改造过不少，连晾晒衣物的位置都被改动了，说实话我接受不了当时看到的样子，我的心情在那个瞬间是崩溃的。但是，在 Sayama Flat 项目地看到租户改造后的样子，我却情不自禁地觉

半建筑 II

日本建筑设计师长坂常设计理念

得这种留一部分空间给使用人去自己参与改造的方法其实也很好，当我发现自己身上有了这种变化时，我意识到自己的设计方法论变得柔软宽容了，这让我感到一丝莫名的幸福感，也让我开始萌生今后还要再去尝试这种设计方法的想法。

在 Sayama Flat 项目以前，不光是住宅空间，哪怕是进入服装店，我都会像强迫症患者一样，只要店里商品的摆放位置和我设想的不一样，我就会立刻感到失望；请摄影师拍摄空间设计作品照片的时候，我也会请店员尽量减少商品摆陈的数量，尽可能将空间营造得干净整洁。与这种仅供人观赏的空间相反，Sayama Flat 项目之后，我开始怀疑"建筑设计必须给出一个社会性的正确答案"的惯常说法，也开始放弃在社会流行中寻找建筑设计的切入口，反之，我开始期望设计出能和大家共造、共享鲜活感的建筑空间。意识到自己的这一改变时，我的身心感觉到了解脱和放松。当然，这种改变并不是在某一天突然就没有先兆地发生了，而是随着各种经历的积累，我的价值观也慢慢发生了转变，Sayama Flat 项目为我这种价值观变化的成形落地提供了契机。

半建筑 II

日本建筑设计师长坂常设计理念

同时，我的视角也发生了变化，以往将多做些改造设计看作是为以后设计新筑建筑设计的经验积累环节，而现在我的想法改变了，我不再认为再造设计和新筑建筑设计有什么不一样的，如果硬要说不同的话，那也只是一栋建筑从建成到拆除的过程中，我从哪个时间节点介入和这个区域、这个建筑体发生工作关系的不同。以前我曾以为新筑建筑落成后就不再发生变化，后来我逐渐理解，世上没有什么东西是不会发生变化的，新筑建筑会变成老旧建筑，也早晚会遭遇拆除或再造改变的命运。改造设计就是对前人设计的改变，改造设计之后也还会被其他人再次改变，这是所有建筑体都将面临的宿命。我不再被新筑建筑设计还是改造设计那样的选择性论说困扰，二者其实是一体的两面，永远也无法把它们切分开。从严格意义上讲，建筑永远处于未完成的状态。

半建筑 II

日本建筑设计师长坂常设计理念

超偶然诞生的平板桌

2007 年 4 月，我 开 始 把 设计事务所往 HAPPA 共享空间里搬。整个 4 月份的工作环境都不怎么安定，随着新办公室整修的推进，我先是在位于下马的旧办公室里工作，有需要的时候，就赶去 HAPPA 整修现场进行施工作业的监督和调整。到了 5 月份，我们在首先能确保最基本的工作条件的前提下，把办公所需的基本物件搬进了 HAPPA 开始处理工作事务。在东京的"黄金周"假期结束后，办公室的装修施工作业已大致完工，只剩下临街主墙还遗留着旧有卷帘门没有更换，虽然我们知道迟早都要花钱拆掉卷帘门换成落地玻璃窗户，但我们这几个穷小子实在想从流水般的现金支出中暂时歇一歇喘口气儿，于是便在半开放的场所中度过了整个 5 月。起先我们都很享受那种在东京很难拥有的巨大开放感，也很享受时不时就有陌生人闯进看看我们到底是在干什么的那种乱哄哄的无秩序感。但很快到了 5 月末，梅雨季开始了，我们开始无法忍受开放感带来的巨大湿气和车轮驶过飞溅进来的水尘。在邻近的五金加工店 Super robot 的帮助下，我们开始拆下卷帘门换装上玻璃窗门，本就预算不够，再加上舍不得多花钱去定制能与建筑墙体斜度相符的窗门框架，于是窗门框和墙体间出现了不小的缝隙。我就和修平君商量是否要利用这个临窗的缝隙空间，用丙烯酸涂铺地面使之成为一个迷你美术馆。我们去买丙烯酸树脂，可错买回来了环氧树脂，而且涂装时，环氧树脂从塑型模板里溢漏出来，

流到地板上，自然而然地铺出了一个半径约 1 米的薄涂膜层。

　　大约也是在那个时间前后，管理 Sayama Flat 项目的房地产公司员工对我说，因为 Sayama Flat 项目中的地板是素裸着的，隔音效果很不好，楼上房间的住客稍有走动，楼下就能听到清晰的脚步噪声。为了解决掉噪声问题，我想到在地板上薄薄地涂上几层环氧树脂，这样的话多少可以起到些缓解作用吧，于是便决定在几间投诉严重的房内地板上铺涂上环氧树脂。实际上，环氧树脂作为隔音材料是否有效果还是令人怀疑的，但并没有人来质疑这个处理办法。同时，它铺在地板上闪着如同漆器水盘一样光泽水润的视觉效果，着实令人耳目一新 [89 页]，大家也就没再多说什么了。

　　与此同时，位于惠比寿的 NADiff a/p/a/r/t 书店来委托我做设计，实地考察后我发现那个空间的地面是倾斜的，高低落差最大处达到 5 厘米，这样的话，作为商用空间的地面，就有必要先把地面整平。因为在 Sayama Flat 项目中用环氧树脂铺成的地面很好看，所以建议书店负责人芦野先生使用透明的环氧树脂来整修地面，但他认为"只有透明效果的话有点无聊，如果能加入些抽象纹样就接近理想了"，于是我试着

半建筑 II 日本建筑设计师长坂常设计理念

在环氧树脂中混调进类似于"松烟黑"那样的日本画颜料粉末。我估测铺涂后的颜色浓淡会依据高低差而发生明度变化，根据光线的照射度的不同，地面会呈现出抽象朦胧的视觉效果。结果和我的估测一致，完成后的地面，果然会依据高低差呈现出颜色浓淡渐变的效果。

从这个成果中尝到甜头的修平和我，偶然间从 Sayama Flat 带回来一块桌子面板旧材，虽然天然材料质量好味道足，就是弯曲变形得连当块画板都用不上，于是我们就想试试在旧材板上涂布环氧树脂使其变成平整的桌面。和书店地面一样，也在环氧树脂里面混调进粉红色颜料，做出成品后便是 Flat Table 的第一件作品。

Flat Table 利用桌面的凹凸不平生成了树脂颜色的浓淡深浅变化，还散发着像 Sayama Flat 的环氧树脂地板一样的光泽，使得桌面看起来宛如宝石般美艳。我并没有特意向人展示 Flat Table，只将其随手摆放在事务所里当会议桌使用。HAPPA 办"PACO 展"时，WELCOME 的横川先生注意到了它，立即把它拉到 CIBONE 家具店里展示。同时，横川先生提出"如果只有一件 Flat Table 孤品的话，在数量、品控和

价格方面都无法做到稳定，那么，有没有可能我们来将其转变为稳定的畅销产品呢？"经过数度设计测试，我们先用小方面材刻意合成出有 1 毫米高低差的不平整面板材料，然后在上面铺涂环氧树脂找平，做出了带有颜色浓淡变化的横条纹状的"Flat Table raftered"产品。随后，CIBONE 家具店在东京设计周 [TOKYO DESIGN WEEK] 期间做了发布展，当时旅住在瑞典斯德哥尔摩的 Yokoyama Ikko 女士，大约就在那次发布中看到了这件作品。更巧合的是，因为被邀去参加策划过程中的"代官山 LLOVE"碰头会，我在阿姆斯特丹下榻的劳埃德酒店里碰见了 Ikko 女士。我们的话题在"您是日本人吗？"这样的寒暄后，马上转到 Flat Table，她很快把我介绍给米兰知名的设计策展人罗萨纳·奥兰迪 [Rossana Orlandi]，这让我直接获得了翌年在米兰国际家具展 [Salone del Mobile Milano] 上展出作品的机会，这样的进展速度，对我来说宛如坐上了直升飞机一般。

为参加米兰家具展，我开始动脑筋为"Flat Table"系列设计新作品，我想借用日本传统工艺中"UDUKURI" [浮造] 的木材加工办法。所谓"UDUKURI"，就是先打磨木材面板

半建筑 II

日本建筑设计师长坂常设计理念

的表面，去掉木筋之间相对较软的木屑，使木材凹凸不平的木筋纹理独立浮现出来的面材加工方法。之后倒入混着颜料的环氧树脂后找平，从而设计出一种带有清晰木材纹理、还有颜色渐变效果的面板。在东京完成了 UDUKURI 的样品后，借去丹麦路易斯安那美术馆参加其他作品展的机会，我特意带着 UDUKURI 样品去米兰请奥兰迪女士看看有什么意见，她看了之后觉得也不错，建议我如果要参加米兰家具展的话，还要把尺寸制作得大一点儿才好，听了这样的评价之后，我很开心地回到了酒店。然而，天不遂人愿，第二天一大早，酒店服务台问我"你是日本人吧？"然后告诉我"日本现在出大事了"。那一天正好是 2011 年 3 月 11 日，日本东北地区发生里氏 9.0 级特大地震，并引发海啸。

所有飞往日本的航班都暂停起飞了，我无法回日本，便从米兰直接去了荷兰。米兰家具展在一个月后就要开幕，得以参展的机会来之不易，但参展该怎么办呢？现在是不可能指望回到日本去制作了，正当心急如焚之时，我听说在日本帮我负责监理样品制作的荷兰实习生卢克 [Luke] 因担心会受到核电站事故的影响，将经由大阪回到荷兰。有了这个意外

半建筑 II 日本建筑设计师长坂常设计理念

的好消息，我立刻决定请卢克和他的朋友在荷兰埃因霍温市里找地方制作参展作品。当时距离展览开幕只剩下不到两周的时间了。

　　回到东京后，我继续通过 WhatsApp 和卢克沟通、确认展品的完成度，因为时间关系，只好在环氧树脂干透之前装上送货车，通过陆路从埃因霍温直接送到米兰家具展展场去。因为装车时环氧树脂还没有干透，在摇晃的车上随机流动而凝固形成的波浪状，即非绿也非蓝的混合颜色，非常好看，那是一张异常特别的 Flat Table 作品。在那样不确定的情形下，制作出了至今仍有口碑传颂的奇作，我给它起了名字叫做 "pigment X"，在几乎不可能完成的时间安排里完成了作品的制作本身已经让我非常满足，至于制作精度已经不是我要在意的事情了。尽管存在精密度不高的缺陷，但英国家具品牌 Established & Sons 的创意总监塞巴斯蒂安·朗［Sebastian Wrong］先生看懂了我的设计想法，并邀请我将这件作品加入他们的品牌进行商品化推广，我被他的诚意打动了。就这样，在一系列偶然加偶发的意外事件中，我开始了在米兰的工作活动。

半建筑 II 日本建筑设计师长坂常设计理念

经历过如此阴差阳错的体验，我迷恋上了米兰国际家具展，从那以后几乎每年我都会去参加。第二年还算勉强，Flat Table 又在米兰展出了一回，但米兰的设计流行趋势变化极其迅速，要是再没有新作品的话，就会被淘汰出之后的展览名单，所以一入秋我就有些不安，开始为如何尽快设计出有新想法的参展作品而焦虑。

2013 年在米兰家具展上发表的新作品"ColoRing"，设计制作的契机发生在前一年的 2012 年。在东京 21_21DESIGN SIGHT 美术馆举办的"TEMAHIMA 展"里，我看到了一件日本东北地区特有的"津轻涂"手工艺品，我被它的艳丽吸引，更发现了"津轻涂"也有着像 Flat Table 一样用涂布材料打底来弥补原材料表面不平整的特点。打听到东京有家津轻涂工作坊，便去参加了一次体验活动，知道了"津轻涂"的工艺原理之后，便考虑将其融入自己的设计作品的制作里。我想到用"UDUKURI"手法制作出凹凸不平的木面板底肌，然后不用传统的植物生漆，而用水性涂料反复叠刷上三种颜料，制作出顺着木纹的多色纹样。实践过后才知道这个工艺做起来异常费工费时，可成品看起来却没有那么多高级感，很难

半建筑 II 日本建筑设计师长坂常设计理念

跳出工艺品的范畴而达到艺术品的领域。在很长一段时间里被我搁置在仓库里，但意大利家具品牌 Artek 的玛丽叶·谷利谦 [Maire Gullichsen] 女士却一直记得我的这件作品，后来某一天她跟我谈到此事，时隔六年，于 2019 年在 Artek 旗下实现了商品化。

　　最近，一直以日本会津为根据地，努力将植物生漆等传统漆器工艺应用到现代产品中进行文化推广的关美工堂要搬迁旧工厂，想要建立当地的传统工艺再生项目的传播基地。我受邀参与了这个设计再生项目，我负责尝试将传统植物生漆版的漆工艺用现代设计的手法应用到 Flat Table 中，现在正努力将其商品化。在"TEMAHIMA 展"上见过的那种传统生漆工艺，后来我几乎再没有机会碰到了，我想利用好这次难得的机会来开发现代版的生漆工艺。生漆是一种透明性很强的传统材料，生漆的透明感是通过非常细微的差异变化体现出来的，那种透明感会根据上漆的力度、底肌的凹凸情况而变化，并非只有涂布厚度的差异会产生变化。我的作品当前正在制作中，将会呈现什么样的效果呢，我自己都很期待。

半建筑 II

日本建筑设计师长坂常设计理念

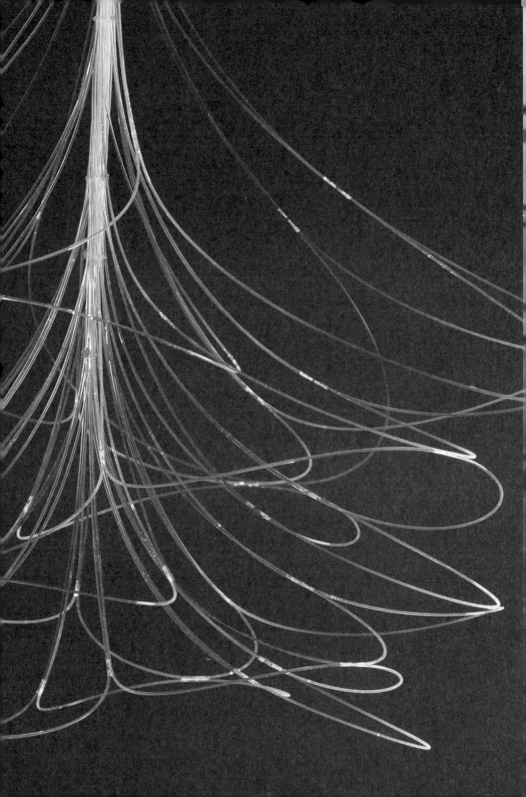

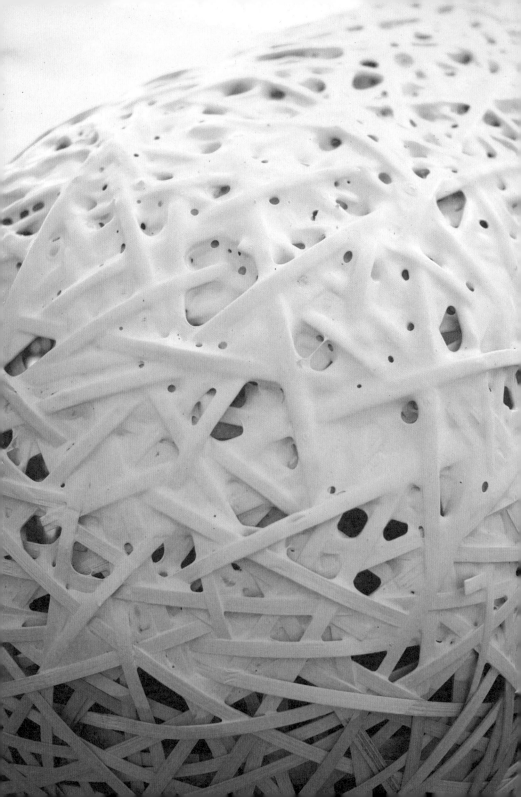

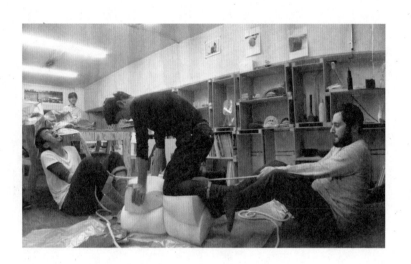

05

随心所欲
重新组合的关系

　　所谓"进退两难"，有指剑士由于精神状态高度紧张，陷入
既无法将刀拔出鞘、又无法将刀插回刀鞘的困境。当我看到现代
主义建筑那种剔除多余的部分、再也无法增减任何要素的完美结
构时，就会想要套用这一词来表达。现代主义建筑确实非常美丽，
但另一方面，它那完美结构里似乎已经不能容纳任何不同元素。
如果它只是工业设计品的话，只要根据需要来对应取舍就好；但
如果遇到的是建筑，各种日常活动都跟它的内、外空间紧密连合
在一起，并不能自主进行随意取舍。于是，我逐渐感觉到不能增
减一分的结构并不适用于全类型的建筑设计方式，我便开始对自
己能否设计出一种"收放自如游刃有余的关系"产生了兴趣。实

半建筑 II

日本建筑设计师长坂常设计理念

际上，现代主义建筑也并不都只追求完美得无懈可击。比如被视为最具代表性的现代主义建筑巴塞罗那德国馆，我以前去参观时恰巧碰上馆内正在打扫卫生，搁在墙边的清扫工具，竟像艺术品一般，奇妙地出现在水平和垂直匀整平衡的建筑结构背景中，一点也没有违和感。见到这一幕时，我再次认识到，现代主义建筑设计中也能有高度包容性和随心所欲地自如收放的空间特性。

我开始关注并尝试在自己的设计作品中运用这类收放自如游刃有余的设计始于 Sayama Flat，这座建筑的改造提供的并不是具有百分百完成度的高精度室内设计，在半毛坯状态下，租户也可以对它进行再装修，从这种近似于甲乙双方相互合作的关系中，我体味到了建筑设计中自由状态的舒适感。那之后，在新兴富裕阶层委托人委托的改造设计，我称之为"小夫的家"的住宅"奥泽之家"项目中，我遇见了在房屋结构改造时实在无法做到游刃有余的尴尬情况，当时委托人佐藤仁对我说："请在设计时强调一些设计感吧！"可我的设计理念，本就不是要刻意强化设计感的那种类型呀，通过这件事，我对建筑设计中随心所欲重新组合的关系有了更深刻的认知。

奥泽之家这座房子面积不小，洋风的瓷砖外墙，室内是木造样式，为了获得宽阔的客厅空间，在木造结构里加进了钢筋柱架并隐在天花板后面。对我而言，这种投机取巧的非和式非洋式的设计是难以容忍的，尽管我打心眼里不喜欢这样的设计，却也感受到了昭和时代设计手法的旧意。在这个改造设计项目中，我以现状为基础，用"再用一面，再加一点一面，再减一点"的设计手法，设计出了一种相对"游刃有余"的室内空间关系。

由此完成的建筑空间，并没有咄咄逼人的设计感，却能让居住其中的人在每一处细小的空间里都感觉到舒适，我把这样的空间称为"刻意去除掉设计感的空间"。HAPPA共享空间等也是这一类型的空间，无论举办展销会，还是举行集会，无论什么用途的活动，它都能刚刚好地适用。我认为这一点在建筑设计中很要紧。

最近，我为了某项目时常去北海道的函馆看现场，函馆的城市规划很有游刃有余的趣味，整个城市很放松，当地人说话也很有趣，感觉像在说相声。函馆西区山手地区附近，有不少看着有点奇怪又不得不说还挺可爱的和洋合璧的旧建筑。建筑的一楼

半建筑 II

日本建筑设计师长坂常设计理念

是和式造法，二楼是洋式建法，远看过去是洋式，近前一看成了和式建筑。这些建筑虽然看起来奇奇怪怪，但我到实地考察后发现，这些建筑很实用，并且用起来还很舒适。这些建筑和周围的环境紧紧地联系在一起，不仅给城市带来了视觉上的统一感，还给到此旅行的人们带去新鲜的欢快感。前些天我去函馆的时候，或许受新冠疫情的影响，再加上天气寒冷，虽然是大白天，但街上并没有多少行人，寥落的街景令人多少有些寂寥，但置身函馆的街道中，我的心境却是明朗的。

不知道是不是受山手地区氛围的影响，即便我往市中心的方向走，也总感觉周围的建筑有些奇特。乍一看十分普通的建筑，上面却冷不丁地装着这个地区特有的烟筒或门斗，如同硬安上去一般不太自然，虽然奇特，但从整体景观上来看却并不突兀。为什么会出现这样的情形？他们是有意识地这么做的吗？太不可思议了。如果这些都是某个建筑师一人所为的话倒是可以理解，但这种建筑整个城市里都有，而且建造年代也各不相同，显然不是共同商定的结果。或许这种建筑便是在这座不同文化间交流繁盛的港口城市里，随着历史发展而形成的民众所共有的生活文化吧。

半建筑 II　　日本建筑设计师长坂常设计理念

我会对这里再进行一段时间的观察研究。

话题再说回 2011 年。当时，称得上是 Schemata 的首个新筑住宅作品"HANARE"竣工了。有人夸赞我在 2008 年改造设计完成的"Sayama Flat"、2009 年改造设计建成的"奥泽之家"是在东京能被真正称为旧房改造设计的作品，这个说法让我很受用。但也有人故意对着我说："不过你的新筑住宅作品的设计，不像你再造设计的 Sayama Flat 那样动人哦！"我没反驳也不打算反驳这一点，原因在于我自己也认同他们的这一看法。

直到某天，水野先生联系了我，此前我帮忙做过他的药店与 IT 公司等家族企业的室内空间设计，他开门见山地跟我说："我在千叶买了座山，想建一座简装房，预算有限，所以我打算跟你商量，一起去看看现场可以吗？"不管是简装房还是什么房，总之肯定是新筑建筑。出于我对水野先生的了解，我只觉得水野先生嘴里的简装房绝不会是什么简单的简易临建房，于是就兴高采烈地跟着他去看千叶的现场了。我认识水野先生时大学毕业还不满一年，最初是为他设计办公室，在之后十多年的时间里，他一直定期地委托我做事，是支撑初期 Schemata 运行的重要客户。

130

HANARE 的底层架空柱。所有基础设施都集中在房檐底下。

因为是水野先生的项目，又是新筑建筑，所以我心想"终于熬到这一刻了"，鼓足了干劲满心想着要设计出超越 Sayama Flat 的新作品，于是给自己施加了莫大的压力。

我到现场一看，才发现这是块荒地，既没有接通自来水管，也没有接通电线，当然更没有化粪池这类的民用基础设施。而且用地和非用地之间，还隔着一条不可移动的民用水渠。面对这样的情形，我差点儿就说"这地方怎么能建房呢"？出于不想被别人窥见屋内情形的想法，水野先生提出尽量把房子建在高处，可山坡很陡，施工车很难开上来。只好先沿着山路坡面等高线修了一条宽约 4 米的施工通道。我想这与滑雪是一样的原理，如果想在陡坡上滑雪的话，就一定要直沿着在地形上高程相等的相邻点所连成的曲道往下滑，不然就会有危险。同样道理，我在 4 米宽度施工道正上方、上坡的途中，发现了一处将道路分叉成了向南和向西两条道的三叉拐角后，在这个位置上，设计建造一座 L 字型的新筑简装房。为了避开悬崖，还要能让汽车调头，因此我决定将建筑整体抬高 3 米，底层悬空用立柱来解决稳定的问题。

半建筑 II

日本建筑设计师长坂常设计理念

我与水野先生认识很久，平日里他常跟我说："你再多收些设计费好了""就收这么点设计费能行吗？"他是一位好客户，为人也温和，然而就是这位水野先生，他指着陡峭山坡，说预算大约是两三千万日元吧，面对这种一反常态的严苛，我不禁心想："水野先生，你是认真的吗！"再一想，到现在为止，水野先生已经有委托建筑师建造过两三座新建筑的经历，对于建房的流程已是相当熟悉了，所以这一次他这么做，必定是要自己体验建筑全过程的乐趣。比起全程委托建筑事务所建造建筑，他可能更想全程参与建筑设计，并不想要一座上来就完美无缺的建筑物，而是想要能根据自己的意志来建筑可以持续改造的半成品。因此他根本没有向土建工程公司总包下单的想法，而是采用单独分包的方式，从头开始积极细致地参与聘请施工人员、材料采购等具体事务，并体味砍树凿山到修建通道、砌挡土墙、浇筑地基等每个步骤的乐趣，所以，他很彻底地压缩了预算。

　　为了缩减成本，我们不拘旧见成法，不过我们毕竟不是土建公司，在效率上做不到尽善尽美地管理工程进展。我们基本是先从顺手的地方做起，先建下层面再建上层面、由外墙面再到室

内，采取这种最简单直接的工作方式进行建筑设计。如此一来，供水排水等基础设备都是通过直接在铺好的地板上钻孔这种不合理但实用的方式来进行，管道自孔里延伸而下，然后再沿着底层架空柱的天花板敷设；铺设电线的时候，为了方便施工，我们在天花板上搭了架子，采取了外露式的配线工程。随着毛坯空间完成范围的增加，我们愈来愈能相对自如地按需求设置和改置空间，也愈来愈容易地设想出完成后的空间样貌。

　　我本是建筑设计师，土建工程的内容并不在我的工作范围之内。这次特殊的经历，和水野先生一起从制定工程计划到聘请施工人员、订购材料，我参与了所有的流程，与其说这是在设计建筑，倒更像是在和水野先生一起亲手"造房子"。水野先生十分严厉，当我打算把天花板粉刷得光滑漂亮的时候，他却说："天花板将来可能还要改造的，就那么素露着吧。"另外，由于主体结构都是水平线和垂直线，当我打算把桌子也做成相应的方形时，他说不要再弄生棱硬角的家具了，于是我就将它重新设计成弧形吧台。随着水野先生时常提出不合常理的要求，不知不觉间，我变得只顾拼命地去一边解决水野先生的要求一边思考如何保留

半建筑 II　日本建筑设计师长坂常设计理念

一点自己的设计痕迹，我那颗原本"即使是新筑建筑也必须得做出点名头来"的勃勃雄心，渐渐被磨得七零八落。

明明自己曾在"Sayama Flat"作品里那么强烈地否定了现代主义建筑，可在水野先生全部不按常理出牌的要求面前，我提出来应对方案，到头来，仍然显得很有现代主义建筑设计的特点。每当我用"如果这里是这样设计的话那么这里就应该是这样对应设计才可以吧"的想法设计建筑结构，水野先生总会立即提出异议。在这样持续地相互又争论又配合的工作过程中，我越来越明确认识到这种不把设计感做彻底、给使用者留出一部分可以参与再改变的余地的设计方法，空间里的这种随心所欲游刃有余的建筑关系，是我寻找的理想的设计理念。

此外，由于我们是在自己能够把控的范围内，用自己琢磨的适合我们自己施工的土办法施工的，所以建筑的结构非常简洁明了，即便是外行人也能一目了然地看明白建筑的全部构造。

所以，乍看过分突出的屋檐、L字型的建筑、弧形的吧台桌板，还有圆木的柱子、大理石地板、光秃秃的天花板，彼此之间似乎毫不相干，放在一起却又莫名地合适而舒适。它们之间构成

了一种无论增添什么都可以的游刃有余的空间关系。

HANARE，就是这样一座建筑。

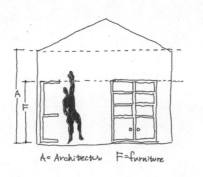

说明『建筑与家具之间』的概念草图。

A= Architecture   F=furniture

"MAKE HOUSE 展"　　　　　家具通常靠一人或两人就能搬运，大

小也大都控制在人手可及的范围内；

而建筑空间则拥有着摆放各种家具也不会拥挤的面积，以及能够

搬运家具或门窗隔扇的充裕空间。建筑的体量是难以用人手丈量

的，必须使用重型机械才能搭建。也就是说，建筑和家具在尺寸

上存在差别，如果能够把控这一点，DIY［自己动手做］也会变得更

有活力，并且还会对空间产生巨大影响。我在"HANARE"项目

的建造过程中学到了新筑建筑空间亦能以半建筑状态为施工停止

点，并开始把这样的想法实施到之后的新项目里，构思可以不断

再造的可变居住空间，正当此时，我获得了参加"MAKE HOUSE 展"

[2014 年] 这一联展的机会。这一展览由开创了连无印良品之家也采用的"SE 构法"的 NCN 机构主办,展览主题为从"木材零件化"的角度思考木制房屋的新建法,邀请 7 位建筑设计师在此展示自己的创意。我构思出的是"由自己打造的房屋"。它是一座平房,屋顶采用了"SE 构法",地面是三合土,墙面全部由铝合金窗框构成,具备能满足基本需求的厕所、浴室、厨房等用水空间,住户可以自由地制定房间布局。如果设想由住户来制定布局,那么能把控"建筑与家具之间"的距离这一点就十分重要了,因此我探求起了易于实现这一点的结构材料。最终,我想到了木制角钢,实际上也制作出了实物,打算将其与成品家具组合在一起构成隔断。很多人指出,这样设计的话,尚且需要住户发挥出相当大的加工能力才能建成,可实际上,它原本就应该作为有能力的艺术家的私宅兼工作室来使用,只是因为有土地纠纷至今尚未实现罢了。不过,这个木制角钢在 cafe/day 和 TODAY'S SPECIAL 等建筑上得到了试验的机会。由于木制角钢本身如果是单件生产的话,价格就会比较昂贵,所以它的前景有点儿不太明朗,我很期待有制造商能对我说"我们一起来努力试试怎么能降低些成本吧"。

半建筑 II

日本建筑设计师长坂常设计理念

塞纳河畔休憩的人们。利用少许家具和舞台、遮阳伞搭建出附带现场演出的咖啡馆。

巴黎街头的活动　　我通过之后在巴黎的经历，首次意识到，在家具与建筑之间存在着既不同于家具也不同于建筑的东西。2017 年至 2018 年间，我因承接了巴黎的项目而频繁往返那里。巴黎有很多历史性建筑，建筑施工受到非常繁复的文保规定的限制，巴黎是个几乎不能改动文保建筑外观，连改造都要按区块一边保存一边改造的地方，然而，这座城市里的每个人看上去都幸福无比，光是看着这样的情形，自己就不由得开心微笑起来。特别是夏天，每个人都随心所欲地饮红酒、捉迷藏、做运动，还一同唱着歌、跳着舞、相互交谈，总之，人们丰富的业余活动让巴黎这座城市整个儿地洋溢着像游乐场一样的活力。我十分好奇巴黎的城市面貌无比丰富而又欢快的景象，这特别让我惊讶。经过观察，我明白了：这当然也有人本身存在差异的缘故，但城市的建造方式也对此产生了影响。人们常说，在欧洲到处都有公共广场，这被称为巴黎的广场文化。与之相对的，日本的则被称为道路文化，但毕竟道路本身具备通路的功能，二战结束后工业大发展，大批量生产的汽车都行驶到马路上，导致人们可以自由行走活动

的公共场所越来越少。特别是像京都那样保留着大量古城构造旧貌的城市，也就在鸭川和神社佛阁这些地方还保留着公共活动场所。因为新近增添的文保新规条例对公共场所的保护性限制很严格，生明火的行为肯定是违法的，很多地方连自由饮食都不被允许了，甚至连垃圾桶都被撤去了。这样一来，很多地方就难以开展丰富的活动，只能变成人们静静参观的场所。结果，人们只得进入收费制的建筑物里，受预算和成本控制的限制，建筑物内部设施也越来越老旧，如果这样做还是不能保证机构营利，运营者就会将室内重装再设计，甚至干脆拆除旧建筑物重新建造更具功能性的新建筑，使得本该被保存起来的历史景观逐渐遭到破坏。久而久之，城市也终究会因为单纯追求发展而整体变得越来越急功近利，而消费者在城市发展进程中成为只能被动接受的弱势人群。

那么，巴黎人仅凭公共性质的广场和欧洲人天生的活泼性格就能创造出前面描述的那种热闹的城市氛围吗？事实上仅凭这两点也是不够的，巴黎的公共广场确实有很多具体的使用规定和限制，但为了方便大众的使用管理者也下了不少工夫，做

半建筑 II

日本建筑设计师长坂常设计理念

了很多细致的努力。我在巴黎公共广场的地上发现了很多"便于组装而预制的接口",通过预先在地基上打孔并预埋好金属子母扣,留出螺丝锁口,以便人们在使用时,只要插入型号一致的金属架杆,就可以在极短时间内搭建起临时设施,同样,拆卸时也很方便快捷。凭借预置这种"便于组装而预制的接口",上午还热热闹闹办集市的场所,下午便可以瞬间回到车行无阻的状态,城市的面貌可以随机变换。城市街道密布着护栏、红绿灯,在各处都放有使用手动升降机就可以搬运的城市绿化植物,还随机设置临时公厕、公用长椅,甚至还有专为青少年开辟的滑板坡道,等等,这些都在不知不觉间改变了城市的样貌。还有,最能体现巴黎街景特色的老屋、露天咖啡座席随处可见,那可不是咖啡店老板擅自占用人行街道的摆设,而几乎都是获得政府机构允许摆设的巴黎街道风景线。在这样的景观现象里,政府机构通过将人行街道的一部分租赁给咖啡厅商用来换取税收,使得老旧建筑获得再生,充当起巴黎人生活的背景;人们则在获得再生的建筑周围过着丰富多彩的日常生活,这是一个非常良性的双向获益的生活方式。

日本人的适应性很强，每当政府机构出台新管制条例，人们大都不会去进行反驳，而会主动去适应新条例。因此，公共场所管理起来相对容易，出现问题的话只需出台相应的条例即可。特别是在 1995 年 3 月东京地铁发生沙林毒气事件后，日本各地还相继发生了许多起影响公共民生的复杂事件。每有新事件发生，政府机构就马上颁布相关条例来强化城市管理，使得城市管理条例的内容变得越来越繁琐。这些起初只是临时的"一刀切"管理条例，施行一段时间后几乎都被常态化，城市也在"一刀切"管理之下变得越来越不便利。就像"垃圾桶"，这可是在日常生活中随时要用到的城市生活道具，沙林毒气事件以前，无论是哪里的车站、公园、人行道都摆有垃圾桶，各类便利店里当然也备有垃圾桶。然而，在沙林毒气事件之后，垃圾桶的身影便立刻从城市里消失得无影无踪，如今在东京街道上想要把垃圾丢进垃圾桶可是件比在马路上捡到钱还艰难的事情了。新冠疫情期间，政府机构的管理办法并不为方便民众而变通，比起欧美国家的管理情况，日本还是固用从来的防疫条例。即使街道上戴口罩的人减少了，日本的政府机构也不会像欧美国家那样宣布废除全民严管条

例。日本人更多的是默默观察周围其他人，大家都戴口罩的话那么自己也戴口罩，周围的人不怎么戴口罩了那么自己也就不戴了，这是日本人的从众心理作祟的结果，所谓条例只是起到了装样子的作用而已。但是，我们需要注意的是，发布官方宣言的意义，不只是跟民众表示以此刻为界之前的管理条例将不再继续施行，更重要的是要向民众清楚表明管理的阶段性、目的性，以及期望是怎么样的，使官方宣言成为民众思考如何调整自己行为方式的依据。所谓政策，就是要为民众积极地指明方向，使民众的生活方式变得更加丰富。如果不调整的话，日本人极强的适应性恐怕就会引领民众走向相反的方向，使生活变得更加苦闷无法忍受。

京都市立艺术大学的搬迁投标　　在思考巴黎和东京的城市管理差别的时候，我有机会与平田晃久、赤松佳珠子、槇桥修共同参加了京都市立艺术大学搬迁改造的竞标。校方对每一块不同用途的空间场地都在使用面积上提出了明确要求，但我最初的设计方案所需要的面积明显比实际可用面积大多了，所以只好自己改方案，思来想去，我想

半建筑 II

日本建筑设计师长坂常设计理念

到了"活动家具"，打算通过打造可移动家具的办法来让同一空间兼具多样不同的用途，以此来弥补面积上的不足，并决定由我们负责设计这介于建筑与家具之间的空间部分。鉴于校园内活跃地举办着各种各样的课余活动，我便利用在巴黎的公共广场上领悟到的知识，提出了"建造用手动升降机就可以搬动的移动图书馆，以及通过组装金属杆就可以轻松搭建的临建墙，使空间既可以做图书室，也随时可以改做展厅"这样的设计方案。平田晃久先生见了之后，评价这个多功能空间是"便于在建筑中丰富人们日常活动而预制的接口"，就这样，不知不觉间我们也用"预制的接口"这一名字来称呼它了。如今再一想，若是能重新改名的话，我想它或许更应该叫做"半建筑"吧。

HAY　　　　在京都市立艺术大学的竞标中，由于我们最终只得了第 2 名，这个"预制的接口"的设想未能实际呈现出来，但幸运的是，我后来在东京意外得到了实现这个设计想法的机会。当时，丹麦的室内生活用品品牌 HAY 准备在东京开设日本国内首店"HAY TOKYO"，也不知是通过什么途径，HAY

半建筑 II　日本建筑设计师长坂常设计理念

的品牌运营方找到我来商议店铺的设计，只是可以用来思考设计的时间非常紧张。直到今日我仍记忆犹新，在东京盂兰盆节前的8月上旬，负责这个项目的 WELCOME 横川先生突然联系了我，说"HAY"想赶在 10 月东京设计周前开业。设计加施工只有两个月的时间，对于这个近似荒唐的要求，要是放在平时的话我就笑一笑拒绝了，但不知为何，我的脑海中忽然闪过了使用在京都市立艺术大学未能实现的"预制的接口"这一设计想法的念头。如果用上那个移动家具的设计办法的话，就可以先办展览，再花时间慢慢将其建置成店铺。基于这一计划，我们实施了金属杆组装和使用手动升降机就可以搬动的收纳架的设计方法。不过，因为效果出人意料的关系吧，这个空间从一开始就直接被当作店铺使用了。

东京设计周结束后，店里的商品也逐渐变得充实起来，CIBONE 等品牌也加入进来，形成了现在的"CONNECT"，整个空间的使用方式每天都在与商品的互动中发生着变化。

现在和互联网一起成长起来而习惯于变化的消费者的年龄层越来越年轻化，一成不变的传统型店铺设计已经显得无趣了，

半建筑 II

日本建筑设计师长坂常设计理念

武藏野美术大学 16 号馆〔2020 年〕。学生终于开始在灰泥板隔断墙上涂抹的瞬间。

武藏野美术大学 16 号馆，还可用于娱乐。

在视频的魅力逐渐胜过静态图片的时代环境下，多变型店铺设计具有看得见的未来性。也就是说，过去那种以第一人称来设计和建造空间的时代结束了，总在变化、没有固定面貌的店铺设计，才是未来的设计特征吧，我是这样认为的。

武藏野美术大学 16 号馆

见到这样的店铺后，武藏野美术大学工艺工业设计系的山中一宏老师打来电话问："学校打算建新校舍，能请您跟我一起做计划吗？"或许是能给与自己求学环境相同的美术大学做计划的原因吧，我感到非常高兴。这座建筑名为"再配置楼"，是供师生们临时使用的教学楼，以便主教学楼能依序翻修、重建，所以成本预算较低，不过这完全没关系。一直以来，我对设计那种高大上的美术馆之类的建筑并不感兴趣，而对设计能展现建筑的建造过程的场所抱有兴趣，这也是我参与京都市立艺术大学竞标的原因。与此同时，我强烈地意识到了自己当年 20 岁左右学生时代的想法。20 岁左右的学生们都会想要什么样的校舍呢？那时的我想的是：教学楼是激发学生想法的地方，可别设计得闪闪发光太过

半建筑 II

日本建筑设计师长坂常设计理念

老气，要是那样的话可就招人厌烦了。而且，太过完美的新筑建筑有很强的封闭性，并没有能包容学生习作的开阔心胸。我认为教学楼最要紧的是给学生们留出一份自由思考的余地。

于是，我构想出了为学生们将来使用时留有再创作余地的半完成的教学楼，这是真正的建筑的设计者和使用者共同去完成的半建筑的建筑设计理念。具体来说，我们计划直接把灰泥板作为隔断墙，用腻子填充其交界处，以便于学生们能随时在上面涂画。此外，我们还请长岛里佳子女士帮忙设计了印板式标识，这样一来，即使隔断墙上的标识被涂抹的颜色遮住了，也可以盖一个新的上去。还有窗框等铁质部件上也只涂了防锈剂底漆，以供学生根据需要自行改涂。

另外，其内部装修和 HAY 一样，使用了金属杆装置和手动升降机装置，设计成了可以根据当下的需求轻松移动隔断墙和储物设备的结构，这里有时是展厅，有时是制作室，有时是演讲会场，有时又能变为羽毛球场。而作为工作室来说，以往个人能自由把控的空间只有工作台，但在这里，人们可以脱离工作台，置身于一个更宽广的空间，学生可以隔着一段距离以客观的眼光来审视

自己的作品。16 号馆就是这样一座可以自己动手改造的教学楼。不过我们也有一个失误：灰泥板的腻子部分涂得过于横平竖直了，平整得像是精心装饰成的一样，这座校舍本该任由学生们随心涂抹、随意使用，却一不注意就让他们紧张了起来，一段时间里学生们完全不敢触碰墙壁。但是，学生是不会永远介意这些的。过了一年左右他们就看惯了这面灰泥板隔断墙，如今墙壁到处都被涂上了色彩，开始显得有些脏兮兮，不过，却是我心目中恰到好处的学生用教学楼应该有的样子。

　　比方说，假设有个委托要将这里设计成一个让人们活跃交流
的场所。若是委托给建筑师的话，他会关注附近的动线，建造一
处积极吸引人流，并且能使人群聚集于此的广场类场所；与之相
对的，若是委托给家具设计师的话，他应该会从原本有限的环境
中找出一处适合营造热闹氛围的场所，将家具等物紧密联合起来，
创造出让人们更愿意待在此处的条件，来使人们停留于此地的时
间得以延长。Schemata 的特征便是，从家具入手进行建筑、城
市空间的设计，但依然会进行家具设计。只不过，与其说是单纯
地进行家具的配套设计，我们更多是从材料的特征出发去想象与
之适配的设计，或是将材料拿在手里时可以大致判断出这个厚度

半建筑 II

日本建筑设计师长坂常设计理念

是否耐用，可以从触感来想象将其做成什么样子比较好，通过思考制作工序与工具来对设计进行探讨，可以凭借各种各样的方法来找到激发设计的契机。这些方法不仅限于家具领域，也覆盖到了室内装修和建筑领域。并且，我们在设计建筑的同时，也想象摆放在建筑里的家具；在设计家具的同时，亦想象摆放家具的建筑。此外，面对同一课题，我们既能以建筑来作出回答，也能以家具来作出回答。对于"希望能营造出热闹氛围"这一要求，我们既能建造出商店这样一个人们的目的地，来营造热闹氛围；也能制作出使人们自然地聚集在一起的长椅，来让人们于此处开展活动。无论是从建筑还是从家具入手都能达成目标，这是我们的优点。

　　而且大约 4 年前，之前的员工上野君因想做家具设计而重新回归本事务所时，我们成立了家具小组，自那以来，建筑小组和家具小组便一直分工完成大小工作，我们得以有序地完成各种设施的设计。新筑建筑和改造设计的委托我们都会接受。不过，虽然叫作家具小组，他们的工作内容比起进行所谓的家具或产品设计，更多是在设计事务所里做些以家具为主的小规模室内装修设计；或是从成品家具中挑选出合适的来，他们需要具备这样的

能力。时常会发生这种情况：建筑师因为想提高作品的一致性，试图将一种概念从大到小贯彻到底，而把不合理的设计强加在家具上，明显是将使用者的立场抛在了脑后。然而在这一点上，因为我们分成了家具小组和建筑小组，所以不会发生自以为是地把设计强加给家具的情况。

另外，为了展现像 Flat Table 或 SENBAN 等那种在项目中灵光一现得到的创意，我们有时会将其落实到家具这一功能载体上，并通过这些作品来创造在米兰国际家具展等展览上发表的机会。另一方面，像是制作一款桌灯、设计一款适用于小户型房子的沙发之类的委托，即便像这样具体地提出了功能要求，我们也难以轻易地设计出符合这类要求的家具。我们有幸与众多家具设计师一起参加了米兰国际家具展等展览，因而，在花了一段时间后，我们终于认识到了自己竟然有这样的弱点。

半建筑 II

日本建筑设计师长坂常设计理念

东京都现代美术馆，软木制成的接口。室内外皆可使用。

东京都现代美术馆标识用具、家具

之后，东京都现代美术馆给我们寄来了参与设计竞标的邀约，在重装开馆之际，闭馆已久的美术馆想要回应参观者的期待，所以询问我们能否做出完全不触及建筑，仅依靠家具给美术馆带来焕然一新面貌的设计。这要求相当有难度，但我认为这正是我们大显身手的好机会，便向美术馆提交了设计方案。

现有建筑由柳泽孝彦先生设计，在设计时考虑到了与毗邻的木场公园间的连接，参观者从公园进入美术馆后，右边是常设展览，正面是商店和咖啡厅，左边则是专题展览，原本是这样让人感到温馨的设计。然而，后来由于大江户线／半藏门线上修建了清澄白河站，西侧狭窄的通道成为进馆的主要通路，那条崎岖的走廊便给大家留下了深刻印象。从西侧入口进馆的话，所见的是一个纵深的空间，最前面是专题展览，往深处走，依次是商店、咖啡厅、常设展览，实际上人们的动线在美术馆内就完结了。于是，我们打算根据"完全不触动现有建筑，进行标识规划及家具、日常用具的设计"这个本次设计竞标的必要条件，重建从木场公园

171

半建筑 II

日本建筑设计师长坂常设计理念

进馆的通道，制造从公园前往建筑深处的人流动线，以此来打造出这座建筑原本追求的姿态。我给东京都现代美术馆设计的日用家什，是一种既非家具，也非建筑的家什用具。尺寸要比家庭用的家具略大些，参观者无法轻易搬动，但使用升降机的话一个人也能轻松搬动，我们制作了接口，以便管理人员能自由地操作把控。凭借家什上的这一接口，工作人员可以根据使用目的去灵活地改变空间的运用方式，自如地移动通道上摆放的日用家什。此外，在材料方面，相对于极具庄严感的建筑体本身，我们选择了休闲而有亲近感的材料，乍一看，这就让日用家什显出了灵动感。

重装开馆后，原本不对外开放的内院也允许参观者自由进出，还增添了许多供人歇脚的地方，所以越来越多的人来到这里不只是为了鉴赏艺术品，更是将其作为来公园闲逛时的午餐场所，或是当作放松的场所来进行日常使用。我想，现在这里已经成为柳泽先生原本构想的美术馆了吧。

半建筑 II

日本建筑设计师长坂常设计理念

开放式展陈

"我叫诺拉 [Nora]，是家具品牌维特拉 [Vitra] 的 CEO。我 1 月要去日本，可以在 9 日早上安排时间见个面吗？"我收到的便是这样一封像朋友发来的简讯似的电子邮件。如果问我该再添点什么必要信息，我会说其实这样也足以沟通了，只是这条过于简短的消息和我对维特拉这个知名品牌的印象之间有些差距。诺拉女士实地造访事务所时，也是一副宛如碰巧路过这里一样的轻便打扮，同她一起来的还有家具品牌阿泰克 [Artek] 的前总经理米尔库 [Mirkku] —— 那一年维特拉展厅的负责人。

『Vitra Stand』的准备情形 [2015 年]。
总经理亲自动手进行布置准备。

诺拉女士开始就真像只是顺道来看看一样，在事务所里四处转悠，看过一圈我们的旧作和样品后又回到门口来，当我以为她会就这样离开的时候，她十分爽快地问道："能请你们给维特拉在家具展上的展台做展陈设计吗？"我心想"肯定不会是 4 月就要举办的今年的展览吧"，她却说："不，就是今年的！"我虽吓了一跳，但完全没有拒绝的理由，于是没犹豫就应答了："交给我们吧！"诺拉女士说着"那我把必要条件整理好了再发给你"，约定下回于 2 月下旬在巴黎再会后，便结束了这次突然来访。在那之后，我们便开始了如怒涛般紧张激烈的筹备工作，并在 4 月 14 日迎来了开幕。在开

半建筑 II

日本建筑设计师长坂常设计理念

幕的几天前我抵达了米兰，当时诺拉和米尔库已经身处现场，并且正穿着工作服搬动货物托盘进行工作。以前在代官山LLOVE 的时候，我经常在艺术总监苏珊娜 [Suzanne] 身上见到这副情景，当时我觉得她非常特别。她作为管理者，同时亦作为一位女性，竟然会在现场跟员工们一起搬运重物，为展厅布局做准备。但这或许并不特别，在欧洲不过是常事罢了。与此同时，我想起了一件事，记不清它是何时发生的了，我在介绍泡沫塑料桌的时候写了"女孩子也能搬得动"，结果却被挪威来的实习生指责"这是性别歧视"。

2015 年的这次展陈是诺拉女士在就任 CEO 后首次参加米兰国际家具展，并且还是在主会场米兰国际展览中心 [Fiera] 的正中央位置所举办的展出。在这一类的展厅布局中，此前常见的做法是将商品摆在尽可能多的，且容易让人联想到商品概念的背景里进行搭配。诺拉也一样，以往都是由室内设计师来构筑空间并进行设计的。在这种情况下，诺拉和米尔库女士想要进行一些新的尝试，两人经过考量，最终向我们发出了邀请，对此我十分感激。在此之前，我虽去过几次米兰，

半建筑 II 日本建筑设计师长坂常设计理念

但并未去过米兰国际展览中心，因此对这里并无先入为主的认知，在看过维特拉过往的参展展陈设计效果图之后，我完全没有感受到封闭式展陈设计有什么魅力，所以断然提出拆除全部隔断立墙、让展厅完全开放的设计提案。另外，我还认为将产品摆放在搭配好的背景前展示像是上个时代橱窗设计的想法，因此打算以产品的自然状态进行展示。而且如果每天都变换布置的话，应该就会让参观者生出好像错过了一些东西没看到的新鲜感，从而愿意多次光顾了吧。于是，我们将货物托盘这一运输器材定为了展厅的基本要素，计划按照这个布置来进行展厅布局。不过"每天变动布置、把展厅的每一处都敞开"这两点因为考虑到实际原因实在无法做到，委托方指定了几处商务洽谈区做成必要的封闭区域。即便如此，展厅也有一半以上的展线是开放式的。

开始展陈布置时，进入展厅最初那一刻，我异常吃惊周围其他品牌设计的几乎都是封闭式展厅，不由地自言自语："哎？为啥大家都封闭得这么严实呢？"相比之下，我们设计的开放式展厅完全成了会展中心广场。不过，即使察觉到这一点，也为时已晚了……

半建筑 II　日本建筑设计师长坂常设计理念

展陈布置大体上已经准备就绪，维特拉杰出的设计师们终于抵达展厅，来进行产品展示环节的设计了。最初设计师们站在远处指导工作人员进行布置，但不久后，他们不知从哪收集来了货物托盘，随心所欲地将其安装，并开始在上面摆放自己的作品，不知不觉间便展开了货物托盘争夺战，结果制作出了与最初的计划大不相同的设计布局。然后，米兰国际展览中心刚一开放，那些沿途逛过来的人们就不知不觉地聚集到了这里，他们一路上听了太多介绍，看了太多商品，已经十分疲惫了。就这样，维特拉的开放式展厅上聚来了大流量的参观人众。这个开放式展厅设计究竟算成功还是失败，我至今说不清楚，但仍有很多人称赞那是当年会展里做得最好的展陈设计，自那以来，维特拉的展陈便每年都交由室内设计师去进行设计了。

设计动线

如果，问我"NADiff a/p/a/r/t"项目的最终设计效果是否在艺术表现层面获得满足的话，我会说，就算只看照片，也能看到环氧树脂铺涂的地面很引人注意呀！然而实际上，一半以上的货架都是以前在青山店使用过的旧物再利用，因此可以发挥设计能动性的地方已经不多了。

倒不如说，它像是一切都按负责人芦野先生的安排来执行的，在自主设计方面真的没有任何可做的余地，那时，我也并不清楚那样做的东西是否能称为设计。但事后却发现，我从这样一个极其束手束脚的设计项目里领会到不少让我茅塞顿开的要领，给我后来的设计工作带去了巨大影响。

芦野先生认为站在店里看书的客人越多的话，艺术类图书的销量就越高，在图书摆放方式上，也有能让客人反复在店里停留阅读的窍门，芦野先生说，不能把同一作者的书全部摆在同一书架上。如果店里有五种 TAKASHI HOMMA 的摄影集，就不能把这五种全摆在同一区域，即便非要摆成阅读专区也最多只能摆三种，其余两种则要放到其他阅读区域。试想，不知底细的读者试读了这三种书后，如果在其他区域

NADiff a/p/a/r/t [2008 年]。

半建筑 II

日本建筑设计师长坂常设计理念

偶然又见到第四种书的话，他脑子里固有的同一作家的书都该摆在一起的观念就被打破了，从而会自觉地在店里四处徘徊寻找。结果是客人流连在店里找书读书的时间被大幅度延长，购买的美术类书籍也会增多。

在店面设计里，如何有效延长读者读书的时间很重要。我发现，艺术类图书大多又厚又重，书籍的重量会让读者很快就感到疲劳。为了能让读者在一定时间内轻松阅读，有必要把图书平展开，让它更便于翻阅。于是，我立刻对书柜的高度进行了调整设计，令平放的图书高度，恰好处在能让大多数成年人舒适翻看的高度。那样，读者读书时会不自觉地将自己手里的书压在其他书上面，所以等着看被压在下面的书的客人就会自动转去读其他书，不久后其注意力便会转移到其他书上，如此就是芦野先生所说的"能不显山不露水地促进图书的销售量"。

2011年我接到将"CIBONE 自由之丘"店铺改建成新品牌"TODAY'S SPECIAL"店铺的设计委托，这可是设计生活方式用品商店的机会。我利用店面的动线主路，将商品柜台以及架子都设置成均同的高度，设计出了一家动线清晰、布

局简练、商品一目了然的店铺样貌。然而，负责人横川先生一见到这个设计，便说："你这样的店铺设计，客人在门口往里望一眼就走了，都不会进到店里来的喽。"听到这话那一刻，我对店铺设计的固有认知完全被改写了。

我终于回想起来，第一次听芦野先生说店铺陈设时，虽然觉得非常有趣，可总觉得无法转换成具体的功能性设计样式，现在才反应过来其实那就是踏上店铺设计之路的入口，我怀着这个想法，开始埋头构想设计方案。

正如横川先生所说，所谓店铺就是如此，正因为无法一眼就看到头，客人才会走进来绕到它的深处去，因为看不见，他们才会前往看得见的地方，由此开始在店里转悠。只有反复流连、两三次地经过同一处后，客人才会产生"我好像要买这个"的想法，然后取下商品买回家，也就是说，好的店铺设计的店面动线要多些曲折，店陈布置要让客人觉得品类繁多。实际上，项目设计完成交付使用后，我们的设计和制作也因上面摆满了商品而几乎无法被看见。面对这种情况，我们意识到了一点，就是自己十分看重的东西对店铺来说其实无关紧要，比起那些，让客人如何活动起来享受购物的乐趣，才是店铺设

银座 LOFT［2019 年］。

计里至关重要的。TODAY'S SPECIAL 已经开业十多年了，即便处在新冠疫情当中，店里也依旧人山人海。见到这副情景，我不由得想：这个设计应该是做对了。

2019 年，我们给"银座 LOFT"这座地上六层建筑中的店铺提供了设计。银座 LOFT 每层楼只有一个自动扶梯，面积却不小。我们在其中插入了弧形动线，为了引导客人从这里绕进店铺的内外侧，每前进一段距离就设置展示台挡住去路，让客人不得不改变前进方向，通过这一点，店铺的游览性得以提升。布置在六楼深处的店是格外显眼的眼镜店"JINS Ginza"。负责人告诉我："通常来说，请设计师来给 JINS 的店铺做设计的话，大家基本上都会减少店面摆放的商品数量。"考虑到如果我是客人的话，这一点会成为影响我进店的负面因素，所以我们没有减少商品量，反而将店内设计成了能够继续增加商品量的模样，最终设计出了一家性价比高，且对眼镜也友好的店铺 [译者注：此处为对 JINS 宣传语"对眼睛友好"的化用]。

设计库房

在迪桑特 [DESCENTE] 旗下"ALLTERRAIN"系列的销售团队任职的植木先生造访了我们事务所。他相当客气地说："您知道迪桑特这个品牌吗？我们原先是因棒球内衣等产品而被大家熟知的品牌……"那是当然，我以前就十分熟悉这个品牌了，也非常清楚它是个运动品牌。

而且，实际上在一年前，

DESCENTE BLANC 代官山 [2015 年]。

我正好购入了一件"ALLTERRAIN"的羽绒服，还很喜欢穿它。我在和一位服装设计师一起做其他项目时，问对方："我想买件羽绒服，您知道哪个品牌的比较好吗？"对方立刻回答说："迪桑特的'MIZUSAWA DOWN'很不错，质量很好，样式也好看。原宿站前面就有一家，你一定要去瞧瞧。"于是我便前去看了。

一楼摆着所谓的迪桑特的运动装，因为当时户外品牌还未像现在这样席卷时尚界，我心想："这里真的有设计精良的羽绒服吗？"有些紧张地询问店员"你们这里卖羽绒服吗？"之后，我被领上了二楼。大概也有那天不是休息日的原因，店里除了这名店员以外就没有任何人在了，再加上瞥了一眼标签发现一件衣服的标价竟然在 10 万日元以上，我便心想："哎

呀，这可买不了，赶紧撤吧。"但又不能就这么回去，于是我决定暂且听一听那位店员的说法。店员取下一件商品摆到中央的展示台上，就开始介绍"MIZUSAWA DOWN"了。一般的羽绒服接缝处会进水，还会漏绒。所以……对方一句接一句，详细地否定了我此前穿过的羽绒服，在我面前介绍着这款羽绒服都加入了哪些创意来改进这些问题。大约介绍了十分钟，我不由自主地告诉了店员自己穿 L 码，并将店员从库房里取出的羽绒服穿在了身上，这时，我已完全信服了"MIZUSAWA DOWN"的质量，等到回过神来，我右手提着迪桑特的纸袋，已经在下楼梯了。

翌年，有过这一经历的我在接受该品牌的店铺设计委托后，思考了如何让自己体验过的这个从商品介绍到购买的销售过程顺畅进行，如何让客人在正确理解商品优点的基础上毫不犹豫地购买。其结果是，我们将天花板周围的空间全部当作了库房来使用，在上面制造了利用现有的卷扬机进行运行的可升降衣架，以此来节省店员到库房去取不同尺码或颜色的衣服的时间。并且在下面安装了可移动的展示台，让店员能够将取下的商品展开，仔细地进行介绍。

半建筑 II

日本建筑设计师长坂常设计理念

就是在这种情况下，这家 DESCENTE BLANC 店铺诞生了，店内这种衣架不仅可以用来储物，用来展示也非常有效，不同的日子里衣架升降的位置也随之改变，今天看见的不是昨天见过的商品，而是新的商品。店铺的面貌产生变化，似乎会激发客人想要进店的冲动。

半建筑 II · 日本建筑设计师长坂常设计理念

蓝瓶咖啡

这一项目是 Schemata 扩大组织规模的契机。在此之前，我们也接受过伊索 [Aesop]、维特拉等生活品牌的委托，它们都很有名，并且比蓝瓶咖啡 [Blue Bottle Coffee] 拥有更悠久的历史，活跃的区域也更广大，

蓝瓶咖啡的『Webster Roastery & Cafe』[加利福尼亚州奥克兰]。是清澄白河店的原型。

但从后来产生的影响来看，它们与蓝瓶咖啡之间存在着极大、极明显的差距。这一经历让我感觉到：果然，时至今日，美国文化在日本的影响依旧非常强盛。不过，在接到对方委托的时候，我还不知道蓝瓶咖啡，甚至连 "Third wave coffe [第三次咖啡浪潮]" 这个词都没听过。实际上，这也是我们第一次给餐饮店做设计。即使我们没有相关经验，委托方依然相信我们应该能够理解蓝瓶咖啡 [位于美国西海岸，那里狂野风格的店铺居多] 的品牌定位，给出能表现品牌世界观的设计，所以联系上了我们，还邀请我们在 2014 年 2 月前往旧金山进行考察。我们在完全不具有预备知识的情况下进行了考察，在此期间逐渐了解到许多知识，比如在 Third wave coffe 中商品的可追溯性十分重要，为了让大家尽情享受美味的咖啡，从咖啡豆生

198

半建筑 II　日本建筑设计师长坂常设计理念

产到咖啡师、饮用者，都必须要以公开透明的关系联结起来。此外，我们也知道了初创企业正在从 IT 产业向食品产业转移，尤其是咖啡店和巧克力店的机遇正在不断增多。还知道了，为追求咖啡的味道，从烘焙机到咖啡研磨机、计量器、滤纸都被研究了个彻底，业内以从技术上提升咖啡的味道为目标，为了超越老手所做出的咖啡的味道而持续努力着。可最关键的味道呢？说到这个，最初，我觉得浅焙咖啡的味道很像红茶，对它没什么感觉。但回到日本以后，喝着当作特产买回来的咖啡，我逐渐喜欢上了它像红茶一样的味道，等到彻底爱上的时候，咖啡豆已经喝光了，自那之后，直到 2015 年 2 月咖啡厅竣工开业为止的一年时间里，我都满怀期待地等着再次品尝到这个味道。

我们日本人因为身具匠人气质，在追求味道或美好时，不知不觉间就会沉浸于内心，与自己对话，试图加深对它的理解。但在美国，情况则完全不同，他们会将其定量地数据化，以便能够进行技术共享。正因如此，美国才会主宰世界市场，我充分了解了这一点。思考着如何在设计中表现出

这件冲击性的事情时，我们将吧台制作成了齐平的样式，以此来消除主客间的等级，同时设计了能看见烹饪全过程的开放式厨房。依靠这一点，客人既能知道咖啡师正在给谁制作什么饮品，也能知道厨房里面被仔细打扫得十分干净。正是因为有优秀的咖啡农、烘焙师、咖啡师以及为这三者提供资金支持的消费者存在，人们才能品尝到美味的咖啡。人们可以通过这个吧台，感受到这种理所当然的平等关系。我们设计出的就是这样一家店铺，它的商品可溯源性很高，并且每个员工的服务都能原原本本地传达给客人，在这家店里，人与人之间能够建立起"one by one［逐个地］"的关系。

半建筑 II

日本建筑设计师长坂常设计理念

DESCENTE BLANC

08

看不见的开发

学生时代，作为一名学建筑的学生，我本应该去欧洲看看有名的建筑，但我却只要攒到一点钱就立刻去东南亚的泰国、南亚的印度等地。当然，其中一个原因是东南亚及南亚物价便宜，但更重要的是那里的价值观、文化是我不熟悉的，对我来说，它们比我相对熟悉的合理主义现代建筑更具有精神上的刺激，更加吸引我一次次痴迷地跑去。那里的建筑空间开放度很高，几乎所有的窗和门都能打开贯通空间，也没有空调等设施，即使在晚饭时，房门窗户都是敞开的，从外面基本可以看清屋内的一切，走在街上，很容易就能感受到城市空间和建筑空间在实质上的一体感。实际上，在我体验城市感觉的过程中也遇了一些无聊的麻

半建筑 II

日本建筑设计师长坂常设计理念

烦，比如被出租车司机多收了大概 10 日元的车费，当时我真的很生气，但他们那副并不觉得他们的做法是错误的样子，更是气得我忍不住抬起脚来狠踢了几下车轮，他们倒是没有追过来跟我动手，更没有发生什么像电影里经常出现的那种拔枪的情形，只是一边几个人聚在一起嬉笑，一边大声地鸣笛恐吓我。这些小争执虽无聊却温暖，是日常生活中非常重要的交流方式，通过这种方式我与这里的城市和居民产生了联系。那时，一直以为建筑空间设计与城市周边环境等没有关联的我未曾想过，将来这种"难以言表"的互融性城市空间环境竟然会成为我建筑设计思想中很要紧的一个表现环节。

2011 年的东日本大地震之后，我越发意识到周边环境和社区建设对于我们的城市生活是不可或缺的，是需要充分设计的对象。我感受到了设计与周边环境相关联的必要性，不能简单地用"难以言表"来形容周边环境的魅力。将这种价值转化为人人都能理解的语言，并体现在具体的空间中，是一种对"难以言表"的空间分析和重建的尝试。在这个过程，各种人参与其中，产生新的化学反应，以创造出这样一个新型的场所。我们从 2011 年

半建筑 II

日本建筑设计师长坂常设计理念

的地震中意识到了这一点的重要性，讽刺的是，新冠疫情又封闭了城市和人们之间的互相融合的联系，让我们的日常生活再次被限制在狭小逼仄的有限空间里，好在有医疗技术的帮助，我们对新冠疫情的应对得到改善，摆脱无形的束缚，逐渐开始再次与外界交融互通。

塔洞 [Tapdong] 位于韩国济州岛的北部。这个地区在 1990年代曾是济州岛最大的繁华街区，林立着市场、购物中心和电影院等商业设施。随着繁华街区迁移到了济州市南部的新开发区，塔洞街区的发展停滞并逐渐荒废，部分地区甚至因为不再有人光顾而变成废墟一般的地方。现在成为韩国阿拉里奥画廊的这座建筑物，过去是位于塔洞地区中心位置上的废弃电影院，阿拉里奥的创始人、艺术家金昌一会长说当时他来看时，建筑物里的钢筋铁骨结构都已被盗卖一空，加之遭受了雨水侵蚀，建筑物已然岌岌可危。金昌一会长看准这座城市还有发展的潜力，接连购买了周围近二十处地产。最先买下的就是电影院这块地，但他没有马上进行大规模推倒重建，而是在局部改造设计的基础上进一步规

半建筑 II

日本建筑设计师长坂常设计理念

划扩建，最终建成了现在的美术馆。阿拉里奥是金会长创立的一家房地产企业，以逐步收购公交车终点站地块起家，如今加入美术馆和新世界百货店等版块，商业化开发和运营着位于首尔以南约 80 公里的天安市终点站地块。

阿拉里奥视济州岛的塔洞为新的发展目标，继承人金知完想把这个地方和作为核心发展的阿拉里奥画廊捆绑在一起，打造成韩国版的"D&DEPARTMENT"商业区，我接到这个设计项目后，即刻着手工作，项目一期是在新冠疫情蔓延的 2020 年春季竣工的，但直到 2022 年 5 月间，我一步都没有踏上过建筑施工现场，只能一直在东京憧憬着作品的完成状态。

在 2018 年左右项目处于计划阶段时，塔洞地区几乎没有人流，我们非常担心是否会有顾客前来。然而，阿拉里奥的金会长除了委托我们设计 D&DEPARTMENT 品牌店外，同时还委托我们设计了其他几个项目。D&DEPARTMENT 品牌店南侧有瑞士的环保袋包品牌 FREITAG 的店面，以及一个连接济州岛全境的自行车租赁中心 Portable。此外，在阿拉里奥画廊楼下还计划建造一家名为"creamm"的咖啡馆。4 年后，到了 2022 年，又在画

半建筑 II

日本建筑设计师长坂常设计理念

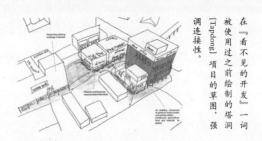

在『看不见的开发』一词被使用过之前绘制的塔洞[Tapdong]项目的草图，强调连接性。

廊对面开了一家 KOLON。从某种意义上说，这也算是一项区域开发的规划和设计工作。该地区的整体改造和开发至今仍在进行中，并且还在建造其他建筑。在初期阶段，我们对如何应对这一系列的开发工作，以及给它们赋予什么样的价值进行了深思熟虑。

比如，对于外墙的处理，如果进行改修的话通常会重新涂刷，但是应该用什么颜色呢？——和阿拉里奥画廊一样用红色来统一处理是在景观条例中不被允许的。在面对整个地区的改修和开发时，我们苦恼于这种问题。在那个时候，我恰巧应邀参加了某大学的毕业设计讲评会。其中，有一位学生提出了一个计划，即改造东京新大久保的三处飞地的旧建筑物，他用模型进行了演示。由于外观几乎没有明显变化，老师们不知道他到底做了什么计划，对他的表现也没有给予太多好评。但当我看到这位学生的计划时就产生了一个想法：即便重新建造全新的建筑物，在东京新大久保地区也不算什么有趣的变化。但"一眼看不出来变化"这个改造设计的状态，我反而觉得很能打动人。我开始思考如何传达这个"一眼看不出明显变化"的有趣之处，突然想到的是"看不见的开发"这个词语，也正因为是"刻意不彰显的街区开发"，所

半建筑 II

日本建筑设计师长坂常设计理念

以我才觉得有意思。行人在远处，完全没有察觉到变化，直到转过弯，来到楼底下才注意到变化，充满兴奋地进入其中，前进一步又超出预期。于是人们的期待感进一步扩大，期待的目光甚至转向了旁边的建筑物。然后，回应这一期待，几个月后又会在旁边出现新的店铺。这种变化正是城市的乐趣所在，我们将其称为"看不见的开发"。

在新冠疫情爆发前，我有很多去其他亚洲城市的机会，但无论去哪里，都有类似的购物中心，里面的商户千篇一律，这种情况令人感到厌烦。在大学时代，我去过的亚洲城市都有独特的个性，每个地区都有不同的面貌，但最近无论去哪里都感觉一样。我开始认为，亚洲也到了再次深挖各自独特个性的时候了，伴随着这种期望我产生了开发"看不见的街区"的想法。

"看得见的开发"是大体量的城市改造，能轻易将这片土地上的任何历史传承都碎片化，鲜明地建立起新旧交界线，而我呢，则期望城市改造能是接纳多样性的"看不见的开发"，这是一个目标，让我对其中的无限可能性充满期待。

D&DEPARTMENT JEJU by ARARIO [2020年]。绿植是这里的特色。支撑绿植生长的中心部位。

D&DEPARTMENT JEJU by ARARIO

D&DEPARTMENT,是日本品牌设计师长冈贤明以"不自主生产"为基本原则,创建的二手商品再生选品品牌,为的就是传递"长效设计"理念。所谓长效设计,即遵循好用、耐用原则设计出来的日用产品,长冈贤明坚持认为产品设计师的锋芒不能盖过产品本身的价值,否则用户买到的只是流行元素,甚至只是设计师的名气,而不是产品本身。长冈贤明为了加盟者能始终保持与自己一致的想法,制定了严格的规则和条件,"D&DEPARTMENT JEJU by ARARIO"作为D&DEPARTMENT这个品牌在塔洞街区的区域化落地成果,得以从多个角度重新审视长冈贤明长效设计的意义,并让我重新认识长效设计作为改造设计的价值。为了实现这个目标,能让人真实触摸理解优制产品的材料特性和制作方法,就需要创建一片能实际体验和实际销售产品的场所,大家聚集在这个场所,和各门类的手工制作人一起,时而相处一整天,边吃边聊,逐渐相互深入理解。为了创造出这种与长效设计理念紧密相接的场所,我决定在原定设施的基础上增设艺术家可以驻留的工作坊兼画廊 [d

半建筑 II

日本建筑设计师长坂常设计理念

news] 和住宿设施 [d room]，除了 d news 和 d room，还有经典的 d 食堂和 d shop。D&DEPARTMENT JEJU by ARARIO 也由此成为 D&DEPARTMENT 品牌现有规模最大的国际旗舰店。对于访问此地的艺术家来说，这里不仅仅是输出 [output] 之地，也可以是输入 [input] 之地。在长期驻留期间，他们可以接触到韩国特有的各种新工艺新材料，获得创作的新契机，这是一个双向输出型的国际文化交流地。

为了高效利用建筑空间面积，酒店通常会将客房排列在东西向走廊的南北两侧。但由于这座电影院改建来的旧建筑平面近似正方形，如果所有房间都要开设能看见户外的窗户，建筑中心就会多一块空置地，同时旧建筑原本的外立面也不是针对要开窗户的酒店设施而设计建造的，所以改造设计时为了正位开窗，每个户型的客房都会带些斜向，因此，设计改造后所有客房拥有不同的户型，并且每个房间的软装饰也大不相同。我们在中间空置地的顶部开设了天窗，引入了光线，把空置地当作酒店内的公共销售区来利用。按长冈贤明的设定，酒店所有客房及公共销售区内的物品，包括家具、植物乃至杂货，都是商品，客人在住

宿中，体验到了长效设计的乐趣，想购买的话都可以向服务员提出申请。另外，d room 活用二手商品，将酒店家具再次出售循环使用，促使酒店以及每间客房的面貌时时有变化，让住客能体验到不同的感受。作为室内设计改造的重头戏，我们把每间客房的窗户都开得非常大，这是一般酒店所没有的特点，为了满足D&DEPARTMENT 品牌设想的同一空间能同时满足诸多不同的功能这一需求，仅仅设计改造酒店建筑单体是不够的，所以我们最后把旧电影院和一个临近建筑合并起来完成了整体的改造设计。名为"padosikmul"的绿植商铺负责承担这个建筑区块里绿植栽培的全部工作，他们在两栋临近建筑之间以及柱廊之间的空隙部，搭建层梯脚手架作为摆放绿植的活动场所，那里的所有绿植也都是商品，因此那个本该隐藏的建筑连接区域，因为摆放着随季节更替而不断变化的绿色植物而显得气氛活跃多变。

半建筑 II

日本建筑设计师长坂常设计理念

塔洞 [Tapdong] 的「看不见的开发」现状图。

Project List
1. Arario Museum
2. ABC Bakery
3. Crazy Kitchen
4. Oliveyoung
5. Elephant Hip
6. D&DEPARTMENT
7. Portable
8. FREITAG
9. creamm
10. Aesop
11. Yonggi
12. Kolon Sport
13. New project

FREITAG STORE JEJU by MMMG

这座建筑原本 1 楼和 2 楼都有汉堡王的店铺，面朝南面的大街建造而成。然而，为了符合"看不见的街区开发"这种设计构想，需要引导人流进入 D&DEPARTMENT 品牌商圈，所以有必要使连接临近建筑之间的通道成为人们往来走动的活动区域，我们加固了柱廊并增加了空场空间后，为了让南北两侧道路上的行人可以相互看到，通道沿街的两面由玻璃构成。

结果，我们将需要使用大量室内空间和墙面展陈的 FREITAG 店铺安排到了二楼。二楼有将近一半的空间曾被用作汉堡王的露餐座位，地板铺设黑白的大千鸟纹样瓷砖，墙面窗门上还留有类似过去塑料餐垫上印的老式变形几何图案做成的窗框，扶手铸件上还印着植物花纹，像是在廉价日用品店里买来凑合着用的。这些明显带有上世纪 80 年代流行的浮夸设计样式，现在看来已有些落寞感。

环保袋包品牌 FREITAG 创始于瑞士，自 1990 年代开始制造以卡车车篷布为材料的袋包，并于世界范围内广泛销售，日本

245

半建筑 II

日本建筑设计师长坂常设计理念

也不例外。1996 年 Jykk japan 将其引进日本，并于复合精品店等店铺贩卖。FREITAG 品牌的每件商品都是孤品，挎包、背包，都是二次利用大货卡车的篷布、安全带、自行车内胎、汽车气囊等材料设计制成的，因此对于 FREITAG 来说，将这样一个循环利用改造设计的空间当作店铺使用是再契合不过的事情了。为了充分利用露台，我们把曾经汉堡王的露餐店座位处和室内的边界打通，设计了一个半户外的酒吧，由于我们设想这个酒吧不仅会吸引 FREITAG 的顾客，还会吸引从 D&DEPARTMENT 方向来的顾客，因此在露台上安装了楼梯。这样即使在 FREITAG 店关门后，酒吧仍然可以作为一个休闲场所来开门运营。另外，在一边稍高的边角屋顶上，我们还设计了一座用 FREITAG 篷布制成的帐篷式家庭影院。我希望将这个露台打造成让大家可以长时间逗留的绿色广场，因此在柱廊直接通往露台的地方还加设了一部小型货梯，便于直接搬运换置上层的大型植物。

Portable　　　　　在 FREITAG 店铺楼下的一层，我们设计了一个专供 D&DEPARTMENT 酒店住客使用的自行车

租赁店兼自行车贩售店 Portable。考虑到济州岛的环岛面积，我们将租赁自行车统筹为折叠式自行车，以便与汽车并用，充分享受骑乘行游的乐趣。我们还规划了在这里举行瑜伽等与运动相关的活动，为了随时随地充分地使用这片空间场地，我们安装了可升降式衣架系统，利用天花板附近空间来收纳自行车，不仅可以自由地悬收自行车，还可以自由地悬挂衣服等物品。

creamm　　　　　阿拉里奥开发塔洞地区最先开张的阿拉里奥画廊，朝向主大街，楼层很高，更是把外立面都刷成了红色，即使从远处看过去，也能一眼就认识到其作为该街区的文化地标。每次展览策划的内容都很出色，却不知为何就是吸引不来人流。我第一次来看场地时，美术馆里只有我们几个人，整个街区的人流也很少，看着还是相当寂寞的。然而，由于金会长本人也是一位艺术家，对艺术品的保护意识十分强烈；我曾多次提议向市民们扩大开放时间，都被金会长以参观人数太多可能会对艺术品产生破坏为由拒绝了。我很希望能趁着 D&DEPARTMENT 品牌商区和 FREITAG 店铺的开业，把人流

半建筑 II

日本建筑设计师长坂常设计理念

吸引回塔洞街区，更希望把人流引入阿拉里奥画廊，使画廊自身恢复活力，并成为名副其实的街区文化地标。正当我思考着这个问题时，名为"creamm"的咖啡厅项目的话题出现了。当时 D&DEPARTMENT 品牌店和 FREITAG 店铺的改造设计施工已经开始了，为了让咖啡馆能同时开业，我们加急着手这个咖啡厅的室内设计工作，设想如何通过咖啡馆改变一些行走动线，留住从 D&DEPARTMENT 和 FREITAG 进出的人流的脚步，并设法将他们导入美术馆。当看到有一条对人们来说非常适合散步的小巷道紧挨着 D&DEPARTMENT 品牌店，我立刻贴墙设计放置了朝向巷道的站立式展陈柜台，我们希望将咖啡店的部分区域和 D&DEPARTMENT 品牌店以及 FREITAG 店铺的柱廊部分连成一片，同时，我们在阿拉里奥画廊主客接待区水平方向设置了主要客座区，这样，扩大空间，并使之发生联动关系，对阿拉里奥画廊来说也可以把咖啡厅作为画廊的休息区使用，作为整体的共同客服区域。通过这样的设计改造，原本让人不太容易接近的阿拉里奥画廊变得可亲可近起来，我希望这能够成为以前没有来过的顾客前来参观画廊的契机。

KOLON SPORT SOTSOT REBIRTH

creamm 咖啡馆项目竣工一年半后，阿拉里奥的开发区域扩展到位于画廊南侧街道对面的分租式办公大楼。大楼的现有建筑空间采用常见的三层钢筋混凝土纯框架结构，被等间距并排隔断分划为四个不同性质的租赁区域。原本在各区域一楼和二楼之间的外墙上挂有经营性招牌，但我觉得像这样在外墙面挂招牌营业的话有损"看不见的街区开发"理念的魅力，因此立刻着手将那些老套招牌拆除掉了，力求打造出具有魅力的共享空间式分租型商用大楼。阿拉里奥拥有这四个区域中的三个区域的产权，所以为了便于将来与侧面、上方和后方的建筑相连接，我进行了整体建筑结构的改造梳理。具体来说，三楼与旁边阿拉里奥自营的 ABC 面包咖啡店相连，同时计划在南侧的街道上增开一条叉路口，从阿拉里奥画廊的角度考虑，这个叉路口可以使人流更方便地穿过这座建筑里面的小巷道。此外，我还在这次设计中，在从东侧数过来第二个跨度的一楼和二楼设计了韩国第一个户外休闲服装品牌 KOLON SPROT 的塔洞概念店，他们的理念是提倡"可持续性"，坚持以关爱自然为己任，积极探求自然界

半建筑 II

日本建筑设计师长坂常设计理念

的舒适力量，并将此应用于新产品的开发与研究，登山、钓鱼、打猎、野营、徒步……KOLON SPORT 始终倡导与自然亲近的户外运动，因此我们使用在济州岛海岸附近收集来海洋漂流物，择材选用，即便是柜架主体部分，也是尽可能使用现有的再生材料，设计制作了展陈架和柜台。

2020 年到 2022 年之间，商区内的各部分设施陆续竣工投入使用，因为新冠疫情大家都无法出国旅行，因此吸引了众多韩国本土游客前来，随着良好的口碑一传再传，甚至吸引了阿拉里奥以外的投资人开始关注起这个本已寥落的街区，洞塔街区逐渐繁荣起来，慢慢有了恢复从前热闹景象的迹象。

通过设计预制的接口，将各个临近建筑物自然而然地连接成片，略微调整动线引导人流，通过这些改造设计，巷道特色的生活方式正逐渐在济州岛塔洞街区形成。

在接下来的设计项目中，我计划将一片原本用于桑拿房的小型建筑改造成复合型综合设施，在一步步更新和扩充装载其中内容的同时，使人们的活动范围也发生有趣的变化。

半建筑 II　日本建筑设计师长坂常设计理念

在 Aesop Aoyama [2011 年] 中使用了拆除这座建筑时产生的材料。

Aesop Aoyama　　　伊索 [Aesop] 是澳洲的护肤品品牌，在天然植物护肤的基础上率先推行有机理念，创立于 1987 年，名字源于"伊索寓言"。

"Aesop Aoyama"日本青山首间专卖店，竣工于东日本大地震的前一年。虽然我想每个时代都有因为时代环境而发生的事情，但现在回想起来，感觉当时的社会环境比现在还是轻松不少。之前与我没有任何交集的护肤品牌伊索从澳洲总部突然发来一封电子邮件，说想邀我设计他们的东京首店。如今，伊索已经是店铺遍布全球的护肤品牌，但那时他们在世界范围内的店铺数量还不多，所以如果要参观伊索店铺的话，只能去墨尔本总部，我到

半建筑 II

日本建筑设计师长坂常设计理念

墨尔本后一进入店铺，立刻被使用旧材改造设计制作的店陈柜台吸引，商谈之后决定东京店铺设计的材料也沿用旧材。我在材料样本上翻寻旧材时，伊索艺术总监白鸟浩子女士冷不丁地略带揶揄地问了我一句说："哎呦，你不会是准备用那些标准化制造的仿旧处理的材料吧？"我听了顿时一激灵，紧接着就开始想方设法去旧物市场寻觅在过去日常生活中被使用过的建筑废料，碰巧得知一位建筑公司负责人家对面的老房即将被拆除，于是急忙赶过去把那些拆下来的旧木头建材全部买下来带回了当时的 HAPPA 共享事务所，我和同事拆解了旧材并重新拼制成板材状态，然后在办公室中摆放开，一边观察每一片木板，一边构想设计方案。现在依然用于 Aesop Aoyama 中的货架就是那时设计制作的。粗粝的旧材和精致的新建筑空间环境之间产生的对比效果，再加上旧材改造本身自带的年代感，使得这家全新的店，有种恍若很久前就存在了的感觉。

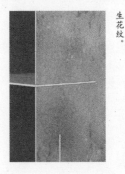

Really 表面看起来是平滑均匀的，一旦混合颜色，就会因吸收不均匀产生花纹。

Really　　　　随着气候变动逐渐显著，在各个领域关于环境问题的讨论逐渐增多。在日本，自 2011 年日本东北大地震引发核泄漏事故以来，建筑师们变得非常关注能源问题，注重隔热和能源效率的建筑设计眼见着增多了不少，社会上出现了规避使用大量排放二氧化碳的混凝土材料的趋势。我们也在项目中积极减少使用钢筋混凝土的频次。此外，在米兰国际家具展上，也很快出现了许多以关心环境问题为主题创作的设计作品。在这大环境下，2018 年我们也接到了成立于 1968 年的丹麦老牌面料品牌 Kvadrat 的委托，以"upcycle"为理念，使用升级版循环再生材料 Really 进行新产品设计并作展览展示。"Really"是 Kvadrat 为实现循环经济而利用废弃纺织品再生开发而成的新环保材料。前一年的 2017 年，我偶然去参观了英国设计师 MAX·LAMB 使用类似材料制成的作品展览，但当时没有太多的共鸣。MAX·LAMB 的设计中确实有很多精致的造型，但我还是对勉为其难地设计和销售这种沉重易碎、难以处理且价格昂贵的材料持有疑问。当然，在考虑环境问题时，我们会尽量减少使用对环境有害的物质，减少垃圾产生等，虽然我们做过这些努力，但当时的我对所谓的碳

半建筑 II 日本建筑设计师长坂常设计理念

中和也就是一种二氧化碳净排放量为零的概念还没有完全理解，胸中也没有形成"升级改造"的理念。所谓"upcycle"，是将某样东西用创新的方式改造并让其发挥新的功效。我将"upcycle"理解为升级改造，在改造过程中不会对原材料进行任何再处理，而是换个方式利用它们。除了节能以外，升级改造的另一个优点就是能够让那些传统循环方式中无法回收处理的物品再次被利用，在被升级改造的过程中，很少或几乎没有材料会被废弃，每个旧材都有它潜在的新用途。

　　我首先对新型材料 Really 进行了特性的研究，发现它由于是各种旧材组合再生而成的，虽然在不同的部位，其表面看起来在再生过程中已经被处理得近似完整统一，但仍然会存在微妙的硬度不均匀、吸收性不均匀等问题。我很欣喜发现了 Really 改造设计这个极其微妙的特性，并想在自己的作品中反其道而行之地来更加凸显这个看似缺点的特性。我决定化缺点为特点，在成品的基础上着力打磨材料的表面，然后进行染色，使得 Really 材料的不均匀表面产生颜色深浅变化，反而表现出了东方特有的不均匀之美。

半建筑 II

日本建筑设计师长坂常设计理念

在展览时，另有一个团队制作了等身高的硬化家具，在这种反差下 Really 看起来在某种程度上像布料一般柔软。

威尼斯建筑双年展　　随着近年来，世界范围内的气候变动更加剧烈，我愈发理解了提倡"upcycle"的重要性和必要性，在自己的日常生活中也逐渐意识到这点，并影响到我的创作。在这样的背景下，我开始思考包括环境问题在内，"看不见的开发"和"珍惜现有建筑"等问题。大概在 2019 年，我收到了自门胁耕三先生转达过来的邀约："我将受邀参加 2020 年威尼斯建筑双年展，你愿意作为建筑师和我一起参加吗？"这本该是件开心的事，但当时我无法想象自己将会以什么样的身份参与创作，于是我向门胁先生表达了自己的疑惑："在这个社交网络时代，为什么要特意在日本制作作品，然后运到遥远的威尼斯去展出半年呢？我无法理解其中的现实性。那有什么意义呢？"我不是不愿意参加这个展览，而是觉得如果要移动，我希望是有意义的移动，如果要参加，是不是能用更有意义的展示方式。事实上，我记得这个问题也获得了其他受邀参

半建筑 II

日本建筑设计师长坂常设计理念

与同仁们的共鸣，随后我们开始一起讨论如果朝着这个方向努力的话可以做些什么。

　　不久我们决定参加威尼斯建筑双年展，想寻找利用老宅解体出来的旧材做改造设计的参展方案，就像 Aesop Aoyama 店铺那样，这次我们也碰巧得知门胁先生家对面那栋 1954 年建造的高见泽老宅邸将被拆除，我们想要用那些旧材设计作品，负责拆除工作的 TANK 施工公司人员是老熟人，他们为了让我们能更好地再利用旧材，花费了比平时多两倍以上的时间来仔细拆卸每个旧木构部件，让我们在"拆解"这一逆向建造过程中体会到高见泽老宅这栋建筑变迁的历史，这栋建造物的历史与东京经济高度增长期重合，使我们得以通过这栋老建筑了解到了那个时代的建筑造法的有趣之处。对每一个构件进行了仔细整理后，我们设想将所有旧材海运到威尼斯，每个技术分工团队都按照复建工序前后分批去展会，在现场使用那些旧材持续复建旧构，这个过程持续很长时间，即便威尼斯建筑双年展已经开展了，也依然在现场进行建造过程，这样，包括移动、搬迁、改造的过程都成了参展作品的表现部分之一。我们还设想置换展览会场正厅和闲厅空间

半建筑 II

日本建筑设计师长坂常设计理念

的用途，将原本的展厅正场改为旧材放置库，把原来用作聚会聊天的室外中庭花园用作展示空间，而连廊则成为材料加工工场。通过这样的设计方案和展示方式，我们想在威尼斯建筑双年展向世界展示日本馆的另一种可能性。

　　然而，人算不如天算，第二年春天，正当所有海运货物到达威尼斯，通关出关运到会场，即将开始进入复建工序时，新冠疫情在意大利的蔓延到了最严重状态，建筑双年展组委会最终决定会期延迟。可是延期了一年后，新冠疫情的严重情况仍旧没有太大改善，展会却要如期开始了，结果我们所有负责搭建的工作人员都无法前往威尼斯的展会现场，只好采取在线上指导威尼斯当地工匠搭建会场的方式布展，结果他们赶在开展前把所有的搭建工作都做完了。和其他的参展作品不同，我们原本想将旧材结构原封不动地在现场重建，想置换正厅和闲厅的使用功能，想"设计人的活动"而不只是"设计空间"，然而我们所有的想法和计划，因为疫情的影响，全都泡汤了。

　　通过准备这个威尼斯建筑双年展，我对旧材这种建筑材料有了新的认识。旧材的尺寸规格各不相同，经过漫长时间的影

半建筑 II

日本建筑设计师长坂常设计理念

响，材料弯曲、收缩、变形等现象司空见惯。况且由于前一次的使用痕迹仍存在，改造设计时需要更细致地考虑使用方式。如今电脑技术很发达，随着扫描技术、数据传输速度、数据存储容量、浏览技术等的发展改进，即使身处远方，也可以轻易地在线上依据数据判断材料是否可用，从而更容易取舍有微妙个性化差异的材料。但要是在过去的话，像旧材等不符合常用规格的特殊材料，无论多么好的材质，不到现场去亲眼确认就根本无法判断可用与否，常常被放弃在仓库深处。我曾听劳埃德酒店的总监苏珊娜提到过她曾去京都旧材废弃场参观，当地管理员说每天都有在她看来很漂亮的旧材被运来丢弃，她觉得十分惋惜。现在东京的各类旧材网上都不难找到那些原本要被丢弃的优质旧材，随着网络的日益发达可以让我们预见到各种旧材库存会得到更有效的利用，不会再出现苏珊娜所惋惜的场景。日本建筑施工对建筑结构的规定十分严格，各类旧材的使用不同于新材，使用旧材需要先解决各种前提条件，使用方式也受到严格限制，这些还只是我们需要跨越的第一道障碍。从前大家认为旧房改造设计不够体面，如今这一看法正逐渐被改变。市场也不光是就近开拓，跨越国界的

半建筑 II

日本建筑设计师长坂常设计理念

除现有建筑。

在移建到 T-HOUSE 之前拆

T-HOUSE [2020 年]。外墙完全是新建的。内部装饰采用了旧仓库的结构框架。

项目，由于文化差异，可能会意外地受欢迎。我们在威尼斯建筑双年展上使用的一部分材料，也已经作为挪威首都奥斯陆永久建筑中的一部分，从威尼斯移建到奥斯陆了。

T-HOUSE New Balance

在同一时期，美国波士顿的运动鞋品牌新百伦 [New Balance] 公司要在东京开店，想在店铺空间设计里加入新点子，设想了提出了将木造旧民居的木构主体梁架移入现代建筑里重新组装的概念，还给这个项目起了名字叫"T-HOUSE"。这个项目在东京寻找适合品牌开店的地块时，并没有是去东京西边那些人流大、潮流新的涩谷、原宿、青山等地，而是特意选择了在东边交通相对不那么方便的浅草营建店铺和办公室，这个概念旨在吸引真正的用户，而非只看不买的游人过客。为了找到合适开店的物业，我去看了好几处建筑物，其中不乏有年代感且精致的建筑，但却很难找到正好适合新百伦这种跨国外企使用的合规建筑。这个寻找过程艰难漫长，慢慢地我也就没那么把这个项目放在加急日程上了。有一天，品牌方突然提出要将在东京近郊的川越找到的江户时代遗

半建筑 II

日本建筑设计师长坂常设计理念

留下来的单体旧仓建筑木构架，整体移建到日本桥的滨町，计划覆盖旧仓木构，在外建造一座新筑建筑，由此打造一家全新样式的运动鞋旗舰店铺。刚听到这个计划时，我认为将旧仓木构架和新筑建筑套建只会缩小实际使用的空间面积，而旧仓木构架最终也只会沦成为装饰，这是我不能接受的。尽管品牌方的东京地区负责人已在推进实施这个计划，但我并没有很起劲，但作为店铺设计负责人又不得不推进这个项目，这使我苦恼不已。

新筑和移建都在不停地推进，在新筑部分已基本完成，移建的旧仓木构架也大致组装完毕的阶段，我去现场视察施工细节，碰巧看到负责复建旧仓木构架的老木匠利用剩余边角材料建造了一个存放清洁工具的专区，还巧妙使用旧仓木构架的下部横梁，使其成为专区的一个部分来挂放清洁工具，恍若醍醐灌顶一般让我发现了家具设计的另一种可能性，这也成了这个项目设计的转折点。

老木匠用现场剩余材料随手制作的家具，简单实用又饱含智慧，让我佩服到浑身震颤，被深深地吸引住了，想给它取一个恰如其分的名字，我问起负责现场监理的员工上野君这个问题，他想也不想地直接回答说："那不就是物尽其用的家具

276

嘛！""就是这个意思！"我立刻接受了这个说法，从那一刻起，我对这个项目设计的具体实施方法进行了大调整，而"物尽其用的家具"也成了创作的设计理念。在"物尽其用"的构想之下，我决定不只是将旧仓木构架作为空间装饰，还要让其承担起作为店陈家具的主要功能，以及当作店铺照明设备用的电线配线依靠点来使用。

设计 Aesop Aoyama 店铺时，我对环境问题的意识还不够强烈，在没有完全意识到旧材的生态环保价值的情况下对其进行了再利用，但如今，我认为这是理所当然需要首先考虑的问题，不论从可持续发展的意义上还是从建筑设计的本意上，它都在国际范围内受到了人们的广泛关注。从小到大被灌输着建筑一旦被建造就永久性存在这一概念的欧洲人，认为世事万物总在保存和修复中演变发展，保存和修复本身就是特别有关爱的事情。用"物尽其用"的设计方式完成后的品牌旗舰店铺，和欧美人既有观念中的建筑样式大不相同，这或许是最终引发他们兴趣的原因。

半建筑 II 日本建筑设计师长坂常设计理念

50 Norman　　　还有一些不是在现场直接进行改造，而是将材料移送到合适地方进行再加工的项目。在纽约布鲁克林区，有一家名为"50 Norman"的复合商铺，旨在以合理造价在保持质量的同时打造有吸引力的空间。

50 Norman 的开设地位于诺曼大道 50 号。邻近的威思大街，很繁华地林立着威思酒店 [Wythe Hotel]、威廉斯堡酒店 [the wiliamberg hotel]、霍克斯顿酒店 [the hoxton hotel] 等知名酒店，这条大街毗邻宁静的绿色住宅区，再往前就是诺曼大道了。

早前残存在入口地段附近的一些旧工厂群角落，后来逐渐从旧工厂区转变为新商业区，现今正是呈现纽约布鲁克林城区变革的关键区域。50 Norman 就是准备在那里开设的一个以日本料理为主题的复合型商铺联合体，其中包括日式法国餐厅 HOUSE BROOKLYN、专售日式烹饪陶器用具的生活方式店 CIBONE、创立于明治四年 [1871] 的筑地鱼河岸尾条这三家店铺，我们接受了此项计划将在秋季开业的设计委托。

在严格控制的有限经费预算内，想要在纽约那样的"客场"开店，考虑使用当地的材料、聘请当地的工匠来施工是最划算的

半建筑 II 日本建筑设计师长坂常设计理念

50 Norman 的 FRP 板由 TANK 在美国加工制作。

首选办法。然而，不同国家施工水平的差异会直接影响我们设计方案的实施，过去在美国等地的项目实施中，由于当地施工技术的落差，并未能达到我们的预期效果，我们一直在苦恼如何应对这种情况。

这回，为了在"客场"也能施工出令人满意的设计效果，我们尝试依据项目所在地的施工能力来调整出适宜的设计方案，也想尝试在日本国内加工制作成材，更想过带着日本工匠去现场监理施工等方式，总想经过不断摸索找出能够保证施工质量的方法。

50 Norman 非常重视如何呈现日本文化的韵味和日本食物的质感，我们一致觉得在海外更应达到与日本国内相同水准的质量。但由于经费的制约，使得该项目对每个人来说都极具挑战性。因此，我们决定亲自去京都的旧材废置场搜寻心仪的材料，旧材再设计也能营造出一些日本文化的历史感，更要紧的是能降低我们的原材料成本。施工部分的工作，交给了我们相熟已久的TANK 团队，通过充分利用他们多工种同时合理施工的操作优势，以确保在规定时间内完成工作以及保证成品精度。我们仔细核算了当前日本和美国的人工差、物价差和汇率差，发现在日本制作

半建筑 II 日本建筑设计师长坂常设计理念

成材运到纽约，然后由 TANK 在施工现场组装才是最划算最有效的做法。我们挑战了一个只有这样才能在"客场"做出"主场"品质的设计。

计划在初始时，我们想的是尽可能地在日本国内加工成材，然后用集装箱运输到纽约，但不成想受新冠疫情的影响，不仅集装箱船运的费用变成了天文数字，而且还不能保证海运到港的时间，在失去了原有优势的情况下，为了节省运输费用和时间，我们重新设计了一种能在小体积内高密度装货的航空运输货箱，货箱本身将来也可以用当店铺的吧台。然而，当按照此方案在日本国内开始制作时，新冠疫情的影响越发严重，不仅集装箱海运成本窜升，空运成本更是一天一个价格不断地嗖嗖飞涨。我们干脆决定不再通过压缩货物总体积的方法来降低成本，而是采用小巧且容易插放在任意地方的零散包装，以充分利用飞机内有限的空间。而这时，几乎所有重新设计制作的空运货箱已经制作完成。所以我们只能再次将这些货箱拆开，进行小件分装后，重新发货运往纽约。另外，我们还请平面设计师长岛里佳子用"减法"设计了很简洁的 50 Norman 视觉标识系统，采用丝网印刷技术在现场制作。

半建筑 Ⅱ

日本建筑设计师长坂常设计理念

以日本人为主的 BLANK design 地产开发公司，是 50 Norman 店铺物业的持有机构，从开始在布鲁克林区寻找开店场地到进行实地施工，一直给予我们帮助。日本运到纽约的成材，TANK 团队用十天左右的时间完成了组装施工。

通过这次在特殊时期历尽艰险完成项目的经历，我意外体验到了"用最少的工序切实做出有表现性的空间设计"的极限，同时我也看到了"空间设计出口"这种操作方式在海外实施设计施工的可能性。

半建筑 II　日本建筑设计师长坂常设计理念

从工具中诞生的设计

原计划于 2020 年举行，却由于新冠疫情而推迟到 2021 年举办的威尼斯建筑双年展，日本馆的设计搭建，主要使用东京高见泽老邸的旧材，组合以直径 46.3 毫米，用可以锁扣的单管进行辅助加固，这种施工方法的难点在于，我们需要构想如何将不规则的旧材和规则的单管妥善连接固定起来。我们最初的想法是将不规则的旧材加工成标准的圆柱形，使其能够嵌入直径 46.3 毫米的单管管道中。经过多次试错，TANK 施工团队最终为我们创造出了使用圆锯刀切削这一全新

SENBAN 的圆柱形车床加工机。

加工方法，并将其命名为"SENBAN"。

一般来说，使用卡盘带动工件旋转，然后用车刀切削，这是全世界使用最为广泛的标准制作方法，但是，车刀容易在不规则木材的棱角处被弹开，用这样的设备操作需要一定的技巧。但考虑到威尼斯建筑双年展项目实施中，我们无法确认威尼斯当地工匠具备何种技术，所以想要采用这种新制作方法并不现实。于是我们决定改用圆锯，在可以保留不规则木材棱角的情况下，于任意位置插入圆锯刀进行切割。我们将工件放在卡盘上旋转，然后将圆锯片向被切割木材旋转轴的一处入刀，当圆锯片到达所需位置后，使其水平进给的同时加工出所需形状。尽管圆锯设计之初并非为横向移动，

半建筑 II 日本建筑设计师长坂常设计理念

但圆锯刀片原本就带有一定角度，可使其在不受摩擦力的影响下直线进给，所以能够进行横向切割和修整。SENBAN 就是这样一种把工具原本的短处当作长处来发挥，经过思考而形成的新加工工艺。

SENBAN 是让我很自豪的"设计发明"，如果只用在这一处建筑上，我觉得实在可惜了。受疫情的影响，我得知 2021 年将几乎同时举行米兰国际家具展开幕式和威尼斯建筑双年展的颁奖式。了解到这个情况后，我特别希望使用 SENBAN 加工而成的作品能在米兰于众人面前亮相，于是我一边提前两个月前就提交了申请，居然在威尼斯市内核心展场地之一的 Alcova 租到了一个相当不错的展位，一边我还继续改善 SENBAN 构法。我负责设计，TANK 团队负责加工，我们尝试着使用各类圆锯片，对各种材料进行 SENBAN 加工制作实验性作品。

在这个过程中，我们不仅发现了将圆锯刀片水平推进进行切割的方法，还发现了许多其他的加工方法。例如：在旋转圆锯的同时，垂直方向推动木材，能将木材切割成球形；圆锯可以当作钻石切割机来切割石块；还能将砖块堆叠起来边旋转边切削，等等。我们经常从这样的试错中寻找创造新形

半建筑 II

日本建筑设计师长坂常设计理念

式的方法，再想象其用途，制造产品，并进一步设想市场。

目前，在首尔的一个项目中，我们正在改造一个外墙和地面为砖块的建筑。其中需要一把户外长椅，我打算使用砖块的 SENBAN 方式来进行加工。如此，在建筑设计施工过程中获得灵感，在产品中使其精炼、扩大多样性，然后再次将其应用于建筑项目之中。

在建筑和家具之间孕育创意，就是我们创作的特点。

半建筑 Ⅱ · 日本建筑设计师长坂常设计理念

极端的物尽其用式家具

对于 Schemata 来说，用泡沫塑胶板材设计出来的桌子，可能是一种极端的物尽其用式家具。当时在 HAPPA 共享空间，我们三家共享一块展示空间，所以这个场地有时充当会议会场，有时作为派对场地，有时用作展览场地，有时用作制作场地，

泡沫塑料桌。一人能轻松搬运，且人坐在上面也不会将其损坏。

有时候也租给外部人员临时使用，因而展示场地的空间布局每天都有各种不同的变化。然而把 Flat Table 当作会议桌来使用的话就太重了，当现场只有一个人时会很难将其移动，无法改变室内的布局。直到有一天，我偶然间看到了一块 0.5 厘米厚的泡沫板，其中一面还贴着 2.5 毫米厚的塑胶板。我想，如果将其另一面也贴上相同厚度的塑胶板，岂不是可以得到一块类似于蜂窝结构的轻巧而坚固的桌面？我立即联系了那个厂家，请他们制作这样的桌板。果不其然，桌板非常坚固而且轻巧，即便人坐在上面，它也纹丝不动，并且就算是一个力气不大的人也可以将其轻松搬运。而且，这种廉价的浅蓝色泡沫材料反而更受 Schemata 青睐。不过它有一个弱点，就是其泡沫部分被人用手指按压就会遭到破坏，形状无法复

半建筑 II

日本建筑设计师长坂常设计理念

原。显然，如果将其放置于公共场所，无疑很快就会被弄坏，所以它只适用于内部的工作场所，或者将其提供给那些能够理解并接受这一缺点的熟人。另外，即使要与制造商合作来将其产品化并进行销售，我们也只是提供一个想法，无需设计图纸，或参与其生产过程。从设计上来说，工序少也能制作出上等物品当然是最好不过的，但若想要将其售卖，则创意太过浅显，稍微懂点行的人都能自己制作出来。也许这就是极端的物尽其用式家具。

固有思维的革新

最初从经营新型胶囊旅馆的 nine hours 公司接到项目委托时，我产生了一种模糊的想象，总觉得我们要做一栋类似于平田晃久等人设计的那种全新筑建筑。然而实际上还是和我们平时做的差不多，其委托的

多希惠比寿［2017 年］。使用透明 FRP 材料进行防水建设以及装修。透明 FRP 材料也是米色。

内容虽说和胶囊旅馆相关，但其实仍是一个改造设计项目。接到委托后，我们立即前往了现场，那是一栋建于昭和时代的建筑物。原本它的目标客户是那些酒后错过了末班车的上班族，这里能提供给他们解酒的桑拿浴室和过夜的胶囊旅馆。可以说这是一栋为那些嗜酒大叔们量身定制的建筑。由于那个时代残留的痕迹太过深刻，最初我们不知道如何处理才好。

我总觉得，胶囊旅馆原有的那种独特的米色调里刻画着浓厚的昭和时代氛围，进行改造之前，我认为它的时代印象很难改变。另外，我觉得如果能改变胶囊之间的组合方式会更好，但重组工作似乎需要付出相当高的成本。后来我们也渐渐意识到，大幅改变其外观和布局的组合方式是不现实的，最终陷入了困境。

半建筑Ⅱ　日本建筑设计师长坂常设计理念

当时在事务所负责这项设计工作的法国人马蒂厄［Methieu］为我制作了一本只收录米色调的色彩样本。这本色彩样本非常美，于是我想：是否我们也能用米色调来装饰空间，使其以更加时尚的方式焕然一新呢？这让我充满了期待。在进行此项目之前，我一直不喜欢米色调，甚至连空调罩也避开米色，总是要用纯白色的，正因为如此，马蒂厄的色彩样本将我带入了一种全新的境地，改变了我对米色的认知。实际上在"多希惠比寿［Do-C Ebisu］"胶囊旅馆中我们大量使用了米色调材料，如玻璃钢、洗手台、灰泥板、针叶木胶合板以及地毯等，将胶囊旅馆原本古旧的印象一扫而空。此后在我们事务所里流行起使用米色调，这以后，米色调也广泛出现在了我们着手改造的"Aesop LUCUA"店铺、"黄金汤［koganeyu］"浴池等建筑改造设计作品中。

我们接手黄金汤浴池的时候，正是甲方由于投资改造多希五反田［Do-C Gotanda］项目而经费紧张的时期。由于预算的关系，我们设计改造完成的黄金汤浴池看起来有点像露着毛坯建筑骨架的淋浴房。甲方表示这种设计效果看起来很酷很吸引人眼球，但总担心客人从浴池中出来时会被刮伤皮肉而

半建筑 II

日本建筑设计师长坂常设计理念

引发纠纷。为了让甲方人员确信不会发生类似的事情，我们告诉甲方人员其实我们已经在可能与入浴客人产生肌肤接触的所有区域，都做了材料柔化的工艺处理，整个空间更是选用了接近肤色的米色调的材料。从公众使用的结果来看，我们设计改造的这间又老又新的浴池是受到老百姓喜爱的。

还有一些其他项目也和 Do-C 一样改变了我对颜色的印象，其中一个例子就是"八木长总店 [Yagicho Honten]"。这是一家老字号鲣鱼片店，总店在东京日本桥。八木长公司有一栋自己的大楼，楼上是公司总部。这栋大楼的外墙是深红色的，给人一种沉闷的感觉，但其委托我们再造设计的部分只涉及 1 楼店铺，所以我们最初考虑使用与之不同的颜色粉刷外立面，从视觉上首先将 1 楼店铺与建筑主体切分开。然而经过了解后得知，这个深红色是将鲣鱼切开时所看到的剖面颜色，也可以说是八木长品牌的形象色。知道这个缘由后，我们不再回避这个深红色，反而把中密度纤维板这种在施工中最常用的基础材料也设计成了深红色，还将与其适配的金属器具都设计成了金铜色来加以搭配，如此构建的空间，虽然还是

完全相同的深红色，但它不仅摆脱了之前的沉闷感，还增加了视觉上的新鲜感。当我再次站在店外街边注视店铺空间时，抬头看见楼房外立面的深红色映入眼帘，不知为什么，明明是同样的深红色，现在再看起来却很年轻漂亮，在街区上展现出醒目的存在感。

这种不时更新改变对某种颜色认知的经历，在自己的日常生活中也是常有的，只不过大多数时候发生在无意识状态下，自己不知道罢了，这回则是在设计过程中的有意识行为，回味起来就感到改变颜色认知的过程十分有趣。这也让我愈发意识到如果坚持"主观的先入之见"，将会是多么无趣而危险。

半建筑 II

日本建筑设计师长坂常设计理念

高本贵志

高本贵志是我们事务所草创初期的员工，也是我在艺大上学后，第一次在美术补习学校兼任老师时教过的学生。当时他花了两年时间上复读班，也没能考上艺大的建筑系，最终转去武藏野美术大学读了短期大学。就在他毕业的那一年，我和原本的合伙同事仓岛君和堀冈君分开了，原本三个人的事务所里只剩我孤零零一人，也许高本君觉得我当时的样子很孤独吧，就跑来跟我说："常，你一个人看起来真不容易，我帮你吧？"当时我被他这番话打动了，就雇用了他。我想这两年未见的时间里，高本君必定

Sumica［Blue studio' 2002 年］的邮筒。

在武藏野美术大学到了不少知识和技能，一定比之前有很大进步了吧。我莫名地对他抱有很大的期待。

那个时候 Blue studio 的大岛先生交给我设计"sumica"项目的工作，我就想让高本君搭手跟我完成这项工作，但他花了两个月的时间最终只制作了一个邮筒。于是，这非常耗时费力的邮筒就安置在了 sumica 上。之后大约在三月份，坂东君和当间君也加入进来，那段时间事务所在做"haramo cuprum"项目，事务所的三个员工，各自有不同的特点，一起工作很愉快。可惜高本君在设计方面始终没有什么起色，我终于忍不住跟他说："要不你还是去当厨师什么的算了"，就是暗示他放

半建筑 II

日本建筑设计师长坂常设计理念

桑原商店〔2018年〕。店铺的上层是主人一家的居住地。

弃这份工作。从那之后，受到当间君的影响，高本君先是改去入职了一家咖啡公司，在餐饮部门工作，有时做做设计。之后一段时间里他频繁更换着工作，很迷茫，不知自己该去干什么。也不知道怎么想的，他突然去考出来了二级建筑师资格证，接着又去跟老木匠做见习学徒学手艺，再后来就是听说他独立开了自己的工作室。突然，有一天他到我面前，再次用有些嚣张的语气问我："常，我给你帮忙吧？"也许是因为他家和项目现场很近，不知怎地我还是没有吸取上次的教训，又答应他："好吧，那你就来帮帮忙吧。"这个设计项目就是"桑原商店"。

桑原商店的一楼是店铺，楼上住着包括主人儿子一家在内的四户人家，总共十三人，原本是经营酒坊的家族生意，然而由于便利店和大型连锁店的扩大，他们的家族生意经营得并不顺利，最终酒坊的仓库变成了柜台。店面在一条小胡同里，也就自然而然地变成了"角打"那种类型的不设座位只是站着喝酒的便宜小酒馆。

新一代店主对于目前的生意情况并不满足，于是我们决定帮助他们用设计语言重新改造一个打动全东京嗜酒人的街边"角打"酒馆。但由于经费预算极其有限，我就想让高

半建筑 II

日本建筑设计师长坂常设计理念

本君担任施工负责人，也让桑原商店的全家人都参与自建房屋的工程。

高本君负责采购材料，安排整个工程项目中工匠们的阶段工序，组织桑原全家人参与 DIY，其余时间就自己做木工活儿。让我没想到的是他还真挺擅长这些工作，他成功营造了一个所有人都能积极参与的愉快工作环境，那个在项目施工工地上形成的团队协作精神，至今依然在店铺的运营中活跃地发挥着作用，桑原商店真的从巷子里的廉价小酒馆摇身一变，成了一家在东京有点声望的街边复合式开心酒馆。

2021 年末，我从 Monosus 的真锅先生那里得到了一个虽然经费预算不多，但是非常有趣的工作委托。他想要把公司的一角打造成一个名为 "FarmMart & Friends" 的甜甜圈店兼食品店。即使这听起来很有意思，但因为我当时工作很忙，通常情况下我是会拒绝的。但不知为何，那些一直给予我帮助的人，比如 WELCOME 的小林女士 [负责 "TODAY'S SPECIAL" "CIBONE" 和 "HAY"]，还有原宿 eatrip 餐厅的友里女士等，都参与此项目。而且项目地点就在我的办公室附近，在我的通勤路上，所以我一直没能干脆地拒绝。

半建筑 II

日本建筑设计师长坂常设计理念

　　在考虑是否有接受此项目的好办法时，我先想到若事务所不担任设计负责单位的话，那就不需要收取设计费，我个人友情担任监理即可。实际上我也并不是什么监理，设计方案都由我提供。然后又想到起用高本君，让他负责设计施工，实际上他也会准备施工所需的图纸。我想这样的话，就可以在不动用事务所员工的情况下完成设计做成此项目了。然而，开始实际操作之后，花费的工夫并不少，我自己也不得不直到除夕都在做着设计。好在高本君的沟通能力确实很强，他一下子就把 Monosus 的员工以及负责人真锅先生和林先生的心思牢牢抓住了，最初不多的预算也在逐渐增加，到了施工的关键时刻费用得到了保障，因而我们才建成了一个很棒的店铺。总之，我也很喜欢去这个项目现场，而且因为它就在我的通勤路上，我总是禁不住多走一段过去看看。

　　高本君人很好，设计能力也确实提高了，即使是很复杂的结构，在施工现场他也能用 1:1 尺寸的手绘去解决。就像在桑原商店时，项目工程结束以后，桑原家的人们甚至邀请他留下来住在楼上。Monosus 也是一样，大家也都愿意和高本君在一起工作，都还想与他一起准备进行下一个项目。

堂前先生家的牙科诊所

来自石川县金泽市的堂前先生，特地前来委托我们改造一所牙科诊所兼住宅。当时新冠疫情尚未发生，我的事务所还在青山，在办公室里我们进行了第一次交谈，总之他们夫妇是非常开朗、很好相处的两个

Makomo 牙科【堂前先生家的牙科诊所，2022 年】。左侧为牙科医院，右侧为住宅。

人。在计划有些进展的时候，我去看场地，问了他们一些问题。以下是当时的记录。现在来看当时的谈话要点大概都已呈现在实际的建筑里了。

笔记：通常牙科诊所会将诊疗区域内外分开，不让人看见其"内部"，而能看见的只是其表面干净的区域。因此，诊所职工们自己也看不见客人，就只会例行公事，不会以特别热情的态度去接待患者。同时，职工们也互相看不见彼此，所以在工作中就会避开医生和患者的视线偷懒。堂前先生觉得这很不合理，他想建造一个无关主客关系、能清楚地看到所有人员动向的牙科诊所。而且，将诊所内部隐藏起来的结果，就是那些不干净的地方也都被隐藏起来了，这导致整个牙科

半建筑 II

日本建筑设计师长坂常设计理念

诊所都无法保持卫生。因此将牙科诊所全部开放是当务之急。

堂前先生打算将二楼以外的区域尽量全部开放。一般的牙科诊所为避免就医患者被其他患者影响，从而减轻患者在牙科就诊时特有的恐惧情绪，通常情况下诊所不止区分了内部外部，还会将就诊的患者互相隔开。这样一来，大家完全听不到隔壁的声音，医生就容易在诊疗过程中劝诱患者接受不合理的治疗方案；患者也会对医生的说明产生怀疑心理。比如，有时患者会觉得医生只是在推销医保之外的假牙，也有时会觉得医生在故意拖延治疗时间等。因此，堂前先生想消除这些障碍，建立起能保持双方透明的关系。并且，堂前先生认为：除了要告诉患者保持牙齿清洁的方法和正确对待牙齿的知识之外，还要关注社会状况和人们的精神状态以及人们的日常生活等，以综合的、全方位的视角从事医务工作。因为人们有各种各样的想法，所以他想建立平等的、互不强迫的关系，对每位患者实施不同的治疗方案。为此尽可能地建立起无障碍、开放、平等的关系，甚至医生可以自行呼叫患者入室就医、医生和患者在卫生间碰见也不会尴尬的平等关系。[2020 年 3 月]

在实际的建筑中要更改的一点是：二楼原本设为从诊所分离出来的居住区，因为全方位医疗的想法中并没有涵盖堂前先生的家人，然而后来为了尽可能地将人们之间的联系平面化，就计划建为平房。由此，就形成了一个家庭、单位、地区、学校 [恰巧孩子们就读的保育园和小学就在十字路口的斜对面] 连成一串、公私空间混合在一起的宏伟计划。在规模上，最初是打算建立一个有 10 台牙科椅、规模较大的诊所，但由于预算的关系，决定以 5 台起步，随之整体规模也缩小了一些。话虽如此，整个平房面积很大，搭上屋顶后也就成了大屋顶。如此在当地就太过瞩目，就失去了与近邻居住群之间的和谐性，也与"全方位的治疗"理念相违背。所以还是考虑尽量把屋脊分割开，以便用与邻近房屋相似的屋顶和外墙材料将其连接起来。可是尽管如此，诊所屋顶的坡度仍是相当于两层屋顶的高度，于是我们在这高出的部分铺上了地板，在 2 层建了一个仓库。这样它就像是在附近的建筑物上扩建的一样。实际上，因为原本就有增加楼面的想法，所以在增加屋顶时，它也很自然地成了整体构成的一部分。

半建筑 II

日本建筑设计师长坂常设计理念

reamn

happy
new year
2021

BUNN
HOT

PUSH

1966　　　　　　ca.1965　　　1964

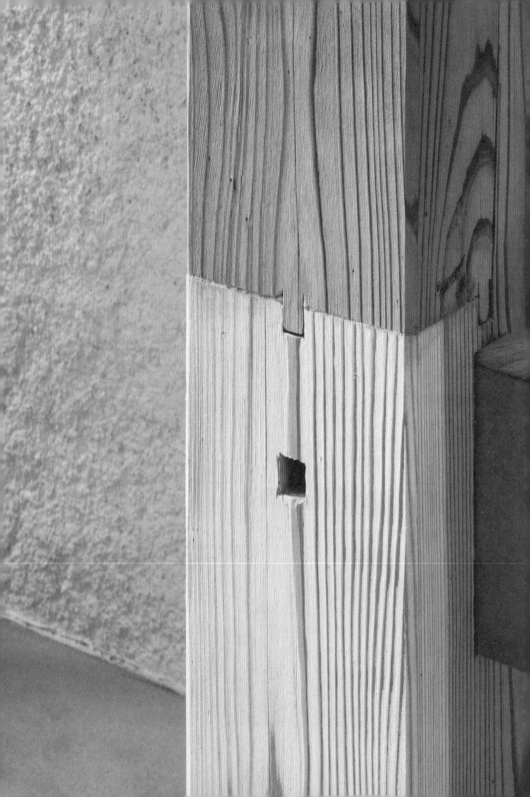

薬風呂

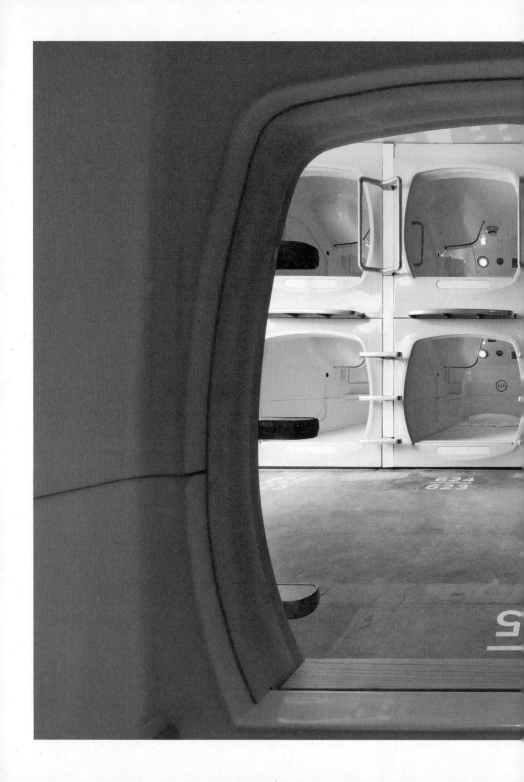

　　"ONOMICHI U2"是一座由尾道的沿海仓库旧改而成的综合设施，由 SUPPOSE DESIGN OFFICE 的谷尻先生和吉田女士设计开业。在这座设施刚开业的时候，我在杂志上看到过一些相关消息，却完全不知道尾道在哪。因为是在濑户内海附近，所以就以为尾道非常遥远，再加上也并没有亲自去过那里，于是我就形成了这样一种模糊的认识。就在那段时间，我收到了一个位于尾道的工作咨询。然而，当时我正忙于应对蓝瓶咖啡开店工作的高峰期，接不了新工作，所以就拒绝了。尽管如此，想委托我工作的这位先生还是在来东京的时候专门到事务所问候我，我心想"真是个好人啊。尾道到底是个什么样的地方呢？真想有一天去看看啊"。

半建筑 II

日本建筑设计师长坂常设计理念

后来没过几个月，在神户出差的我在前往福冈之前，大概有了一天的空闲时间。于是，我没有选择回东京，而是趁此机会初次造访了尾道。抵达尾道时已过晚上 9 点，几乎所有的餐馆和商店都关门了，街上一片寂静。就这样，我在 U2 酒店入住，第二天早上一起床就租了一辆自行车，准备到岛波海道转一圈。到了"尾道水道"方向，因为 U2 酒店很时尚，所以我以为这个早晨也会很精致，但没想到大爷大妈们在 U2 酒店门口跳着广播体操，看到他们，我一下子就喜欢上了尾道的氛围。即使我必须要在傍晚之前回到 U2 酒店，然后再坐新干线赶去福冈参加 DESCENTE BLANC 福冈的招待会，但我还是想尽量骑远一点，于是就这样出发了。虽然到了目的地就得立刻返回，但往返间我却一个劲地骑了八个小时自行车。骑车骑得屁股有点生疼，但我也看到了各种各样的风景。对于生平第一次近距离感受濑户内海的我来说，这是一段十分优雅的时光。只不过，一旦停止骑行就会赶不上招待会，因而我全程一刻都没有停留。途中，我看到一对年轻的外国情侣，他们不知为何突然脱光衣服跑向了大海。看到这一幕的时候，我心想"这片大海确实很吸引人啊"，海水清澈到了让人

354

半建筑

II

日本建筑设计师长坂常设计理念

想要跳进去的程度。如果我在这里禁不住诱惑进海游玩的话就会错过之后的行程，这甚至会让我对自己的安排感到遗憾。然而当他们纵身跃入大海，片刻间又冲出水面的时候，我才意识到，现在刚刚四月而已。

　　这就是我初次访问尾道的情况。在那之后，我一有机会就去尾道，对那里的下町［译者注：低洼地区］和山手［译者注：地势较高的地区］也多少有了一些了解。现在尾道的街区，乍一看也就是建于昭和时代的一个商业街而已。尽管如此，在这条能让人见识到陌生历史的街道上，我感受到一种违和感，于是便查阅了其历史。后来我得知，尾道水道地形狭窄，宽度只有200 ~ 300米，这使其成为天然的优良港口，也成了支撑当地发展的坚实基础。尾道水道作为将白银从山上搬下，再用船运送到大阪或者江户的流通要隘而繁荣起来，富商们也逐渐在此地区聚集。直到现在，尾道的街道还残存着繁荣富足的余韵，这并非偶然。此外，在富商中还流行着一件事，那就是在能够一眼望到尾道水道的山手地区建造名为"茶园"的用于享受茶道文化的别邸。那些建筑是"带洋房的住宅"，虽然是日式木制风格的建筑，但同时还有一部分设计成了西式风格，

半建筑 II

日本建筑设计师长坂常设计理念

内部也使用了日式和西式风格相结合的独特设计。

第三次造访尾道的时候，我和家人们住在一座建在通往山手坡道上的 LOG 酒店里，那是我第一次去铁路的北侧——也就是残存着茶园文化的山手地区。在下町，那里的气氛充满了昭和时代的美好与怀旧，我被其深深吸引。而山手地区则将时代继续向前追溯，完整保留了明治到昭和时代的风景。由于没有能行车的路，我只能靠自己的双脚走台阶了。建筑也随之保留着明治时代和大正时代 [1868—1926] 的风貌，简直超乎想象。

因为办理入住手续时间还有点早，我就在周围散散步，看见周围到处都是寺庙。沿着如同山路一般蜿蜒起伏的小道，山崖和富有意境的小屋排列在其间。无论到哪儿都有猫。虽然白天有观光客，但一到傍晚就几乎没有人的气息了，我感觉自己来到了一个不可思议的地方，同时心中各种各样的想象也开始躁动起来。这条路通向哪里？哦，虽然亮着灯，但里面住着什么样的人呢？会不会有人就在里面这样离世了呢？哦哦，原来是在这种地方耕种啊。打个招呼比较好吧？旅客对他们来说是不是很烦？……我完全怀着一种外来者的心态，提心吊胆地在街上徘徊。

半建筑 II

日本建筑设计师长坂常设计理念

　　转眼间天色暗了下来，办理入住手续的时间到了。回到 LOG 酒店，经理吉田先生把我带到入住的房间。是 302 号房间。刚进房间，他就打开了西侧的窗户。眼前大概 50 米的距离，在一个和酒店房间高度差不多的地方有一座木制的老房子，里面亮着微弱的灯光。我被那灯光吸引，往窗户里一看，里面有一间颇有情趣的榻榻米房间。我肆意展开想象，感受着平山周吉端坐在其中的样子，想象着《东京物语》中的一个镜头。

　　我问经理吉田先生："那间房里住着什么样的人呢？"他回答道："现在那是座空房子，房东就住在隔壁，负责维护和管理这座房子。"不知道为什么，我一般很少说这种话，但回过神来后才发现"这座房子出售吗？"这句话已经脱口而出了。"或许也可以。最近有很多上了年纪的人离开了山区，因为那台阶太难爬了。""大概要多少钱呢？""我觉得没那么贵。"就这样，话题逐渐展开了。

　　至于为何如今还想在这么偏远的地方买房子，那是因为经常有外国朋友来日本的时候问我："常，哪里有好的酒店啊？"可是好的酒店大多都很贵，便宜的又大多都是很廉价的商务酒店，一直以来我都没有可以推荐的酒店，也不喜欢被问到这个话题。

半建筑 II 日本建筑设计师长坂常设计理念

在这样的情况下看到这座建筑的时候，我心想"如果是这样的建筑的话，真想让朋友们住在这里啊"，于是不由得询问了吉田先生。但是，这里距东京足有 750 公里，实在太远了。

从那时起，我就开始和这座房子当时的户主山根先生慢慢交涉了。对于一直以来都住在当地的山根先生来说，这是他十分憧憬的一座建筑。为此他接收了这座当时还处于垃圾屋状态下的房子，并对其进行了修缮，一直以来都在摸索合适的使用方法，但只靠他自己确实是无能为力。在这样的情况下，我突然出现在了山根先生面前，这使他感到很高兴。虽然如上文所说，我有自己的理由，但那位外国友人目前因为新冠疫情而无法来到日本，所以倒也不必那么着急，可以慢慢地与山根先生交涉。这座建筑就算再有魅力，光靠着我周末来这里叮叮咣咣地干活也不是个办法，所以我认为需要有人在当地花时间修缮，并为运营做好准备。首先要做的就是寻找合作伙伴。我把房屋的信息告诉了事务所的现员工、前员工，还有一直以来接受我施工委托的 TANK 成员，并询问他们之中有没有人打算搬到主屋旁边的独立房屋里，和我一起运营这个项目。于是，有几个人都很感兴趣地举起了手。结果，

原设计员工中田雅实和现公关人员松井纳都子夫妇说想从长野县饭田市搬来。他们的加入大大提高了这个项目的可行性。

决定合作伙伴之后，我在 2021 年赴威尼斯和米兰。回国的时候，因为要应对国内的新冠疫情政策，需要找可以隔离两周的住房，于是我就想起了这座房子。当时我觉得，如果一直推延决定的话，山根先生一定会不高兴的。所以，即使浴室和卫生间都不方便用，但因为当时是比较舒适的九月份，所以在我看来，这座房子作为隔离场所再合适不过了。于是，我把这次当作最后确认这座房子魅力的机会。我向山根先生提出了"请让我试住两周"的请求，于是就在这里开始了两周的隔离生活。紧急事态宣言期间我在尾道隔离，当地的饭店也没怎么开业，十分不便，有好几次都吃不上晚饭。在那样的情况下买便利店里的便当来果腹，这给了我一种无奈之感，但如果这种不便换来的是如此环境，那也就不算什么了。那是一次十分珍贵的体验，铃虫和蝉的鸣叫声，船只行驶时咚咚的声音，还有附近造船厂打铁的声音，我和这些声音一起度过了两周的时间。两周以后，我从心底里想："这样真好啊。真希望不仅仅是我，也想让大家体验这种感觉。"尤其是那

半建筑 II

日本建筑设计师长坂常设计理念

些还没造访过尾道的外国朋友,他们如果来的话,肯定会说自己一直想体验这样的日本。我一直想给他们介绍这样的住宿。就这样,我花了两周时间体验这座房子的魅力,最终决定把它买下来。

同时,这座拥有 110 年历史的建筑的破损比我预想的还要严重,需要进行各种修缮。但我认为,如果要用我个人的费用修缮这座房子,自己还要在离东京这么远的地方进行运营,这是不现实的。购入这座房子的时候对我照顾有加的 LOG 酒店相关人员说,可以把这座房子改装成 LOG 酒店的外延。我特意购入这座房子,是因为想请海外的朋友们住宿,但如果成为 LOG 酒店的外延的话,就不符合朋友们的住宿预算了。这样就会本末倒置,所以需要另辟蹊径……当时,我突然想到可以和荷兰劳埃德酒店 [Lloyd Hotel] 前艺术总监苏珊娜·奥克斯纳 [Suzanne Oxenaar] 女士商量,她曾在 2010 年时与我合作举办过一个名为"代官山LLOVE"的、可作为酒店客房供客人住宿的展览项目。从 2021 年底到 2022 年初,我们经常会在网络上联系,反复交谈。能不能和 LLOVE 酒店联系起来,建立一个全世界创作者们的交流据点呢?她很爽快地听了我的想法,并给了我很多建议,还和我

搬运行李全靠人力。而且只有台阶。

一起构思出了一个名为"LLOVE HOUSE"的新领域，就在那时，尾道的 LLOVE HOUSE 计划开始了。LLOVE HOUSE 是指创作者住宿的设施，是他们在那里一边欣赏尾道美丽而令人怀念的风景，一边静养，在受到此风景启发的同时进行创作活动，并通过展览等形式来回馈尾道地区的一个设施。预计使用这座设施的对象有艺术家、设计师、建筑师、作家、音乐家、烹调师等所有的创作者。对当地人来说，只要去 LLOVE HOUSE 就可以和自己仰慕已久的创作者交流，就是这样一个场所。东京的人们，只有在讲座等有限的时间内会进行比较疏远且简短的交流，但是在来到这种山区的人群里，就不会有那么仓促的人了。所以，大家就可以面对面，一边眺望这美丽的景色，一边悠闲地交谈。这是我通过参与长冈贤明先生在济州岛的 d news 工作坊 [241 页] 时所了解到的一种新的文化交流形式。如果说有什么不同，那就是长冈先生他们在以探索长效设计为主题的产品基础上，发现了这种场所的必要性。对此，我们认为虽然 LLOVE HOUSE ONOMICHI 也是一种长效设计，但这种设施的必要性其实是通过城镇保护而被认识到的。此外，LLOVE HOUSE 还是一种新型文化交流设施，在世

界各地由众多创作者来选择居所，向全世界的创作者分享，并创造出舒缓的地域交流的机会。这座 ONOMICHI 是我作为一名创作者推荐的建筑。虽然目前还在摸索当中，但它将会成为第一座 LLOVE HOUSE。因此，我将自己在这里所得到的经验全部公之于众。我想，如果实现此计划的话，各地的 LLOVE HOUSE 之间就会结成网络，并横跨各个地域。艺术家和他们的粉丝，还有当地的人们可以花时间慢慢地建立联系，一种新的文化交流形式将传播到世界各地。这不正是网络时代"one by one"的国际交流方式吗？而且，尾道虽然是一座汽车无法驶入的陆地孤岛，但如果换个角度思考，曾经因为汽车而被隔断，进而丢失的交流和公共场所，在这里却仍然存在。或许，这里可以成为落后一整圈的领跑者。

原本我是抱着"得其大者可以兼其小"的想法才开始学习建筑的，而这 LLOVE HOUSE，不正是我当时想要创造的"支持创作者的空间"吗？只不过，我根本没想过自己会在那里举办展览。结果，现在为了让《半建筑》这本书成为 LLOVE HOUSE 中的第一个展品，我正在努力赶着稿子。[2022 年 8 月 27 日]

半建筑 II · 日本建筑设计师长坂常设计理念

Still in LLOVE

我在阿姆斯特丹史基浦机场下了飞机之后，打车花了整整 500 欧元才第一次造访了劳埃德酒店。这是有多远啊？！当然，原本的打车费只需要十分之一，我是完完全全地被骗了。我不习惯国外出差，没有在本来应该排队的位置上排队，而是跟着吆喝"我这边更快哦"的人坐上了所谓的出租车。我当时的脑子一片空白，早前曾经了解过一些"在国外什么事情不能做"的知识，可当时已经完全记不起来了。途中停了几次车，每次停车的时候都会有身材健硕的人坐上车，把我的前后左右都围了起来。我虽然

初次造访劳埃德酒店时。

感到不妙，但心想如果不能顺利到达目的地的话情况会更糟糕，于是就操起自己蹩脚的英语，一遍又一遍地重复着"Lloyd Hotel""Lloyd Hotel"，努力试图告诉司机自己的目的地。好不容易到了目的地，付了 500 欧元之后我终于下车了。真是一场出乎意料的洗礼，我垂头丧气地走上台阶，等待我的是苏珊娜温暖至极的拥抱，这让我一下子忘记了被骗的事情。同时，隔着她的肩膀，我看到了自己仰慕已久的理查德·霍顿 [Richard Hutten] 的吧台，正在向四周延伸着灯光。

我到阿姆斯特丹了！

这是为了在日本举办一场名为"LLOVE [HOTEL]"的、庆

半建筑 II

日本建筑设计师长坂常设计理念

「LLOVE」展览接待会 [2010
年，代官山 [studio]。

祝日本荷兰建交 400 年纪念的可住宿展览会而进行的视察和
会议。我造访的是劳埃德酒店 [Lloyd Hotel]。作为设计酒店的
先驱，劳埃德酒店共有 117 间房，每个房间都不尽相同，由
代表荷兰的设计师和艺术家设计，并且一个酒店里有一星级
到五星级的不同等级。其概念有"最低配置的前台""可以
根据当天心情随意选择的客房""充满爱的酒店"。这些概念
都很机智风趣，并且其诞生的契机是从日本的情侣酒店 [Love
Hotel] 中得到了灵感。于是，"LLOVE"就成了那场纪念活动
的标题。

　　当时他们一直在寻找日方的合作伙伴，正好之前我们在
HAPPA 举办以荷兰设计为主题的"droog NOW 展"，非常巧
合，荷兰大使馆的巴斯·瓦尔克斯 [Bas Valckx] 先生前来参观
了。之后，他又参观了同样在 HAPPA 举办的 Schemata 计划
的"HAPPA HOTEL 展"，不知为何他竟如此关注我们。因此，
我们承担了日方的整体计划、会场布置和组织等所有工作。
找合作伙伴、找场地、拉赞助、做宣传、设计、运营，我们
花了一整年的时间去做这些力所能及的事。

　　结果，苏珊娜担任艺术总监，而我则担任建筑总监，其

半建筑 Ⅱ 日本建筑设计师长坂常设计理念

他荷兰团队成员包括琵卡·博曼 [Pieke Bergmans]、理查德·霍顿、乔珀·凡·利斯豪特 [Joep van Lieshout]、斯科顿＆贝金斯品牌 [Scholten & Baijings]、Tohnic 股份有限公司，以及来自日本的团队成员中山英之、永山祐子、中村龙治，他们负责酒店各个房间的设计；此外，还有很多参展人员、参展企业和志愿者在此集结。从 2010 年 10 月 2 日到 11 月 23 日，在之前位于代官山站前，现在已经被拆除了的一座由奈良县管理的住宿设施代官山 istudio 内举办了为期一个半月的"可住宿展览"。那段时间，我十分羡慕其他三位日本建筑师，想着如果自己也能像他们三位一样站在被邀请的立场上，只需要做设计方面的工作就好了。但现在我重新意识到，这就是我。仔细想想，我在和亮太郎一起筹办江户川的露天舞厅时也说过同样的话——"想要站在被邀请的立场"。并且，现在我还是在没有闲暇时间的情况下，像 LLOVE HOUSE 那次活动一样站在计划、幕后的角度来工作。Still in LLOVE 2022。

半建筑 II　日本建筑设计师长坂常设计理念

11 落后一整圈的领跑者

在日本，有很多我从小就觉得"这是真的吗"这样让人疑惑的都市传说，我想下面的故事可能也是其中之一。在飞机上，"请将手机调整为飞行模式或关闭电源"的广播声已经听过无数次了。但实际上，即使开着手机也不会导致事故，也不会被人责备。我有过很多这样的经历，不知不觉就会觉得这是都市传说，所以人们逐渐产生了这样的想法：坐飞机的时候既没有必要关闭手机电源，也没有必要将手机调成飞行模式。那样的话，场面就控制不住了。到底有多少人坐飞机的时候会把手机调成飞行模式呢？我有了这样的疑惑。

上次经停法兰克福去米兰的时候，一如往常，我一降落就

开始打开手机漫游，要一口气确认积攒了 12 个小时的邮件。但在法兰克福机场的飞机上，我的手机丢失了信号。当时我没作多想，进了航站楼就连上了 Wi-Fi 开始确认。之后大约过了两周时间，在返程的路上于法兰克福转机的时候，我把上次没有信号的事忘了个一干二净，有几封必须发送的邮件还没发就上了飞机。我心想着"没关系的，再发几封邮件就完成了，起飞之前发出去就好了"，然而手机却没信号了！这就是来到欧洲后我感觉到的严格规则。日本的话，虽然制定了许多规则，但大家只是在发生问题的时候才记起，之后马上就忘记了，抑或是"算了吧"这样的想法在不知不觉中变成了共识。如果真的已经不需要的话，就把那个规则取消掉，把规则的数量控制在大家都能记住的范围之内就可以了，但实际上日本总是会维持旧规则，然后在其基础上用新的规则覆盖掉旧的规则。然而，被覆盖掉的旧规则却并不会因为被覆盖而完全消失，而是不显眼地残留下来，有时还会改变形态，让我们的生活变得愈发不便。东京地铁沙林毒气事件发生之后，垃圾箱的减少不也是如此吗？当时人们也许觉得无需回收垃圾是件非常轻松的事情，同时也有利于商家经营。但如今却有

一种风气，认为大声呼吁"增加垃圾箱"这种行为是对环境的一种危害。然而，垃圾箱确实能够增加户外活动的选择。

这样看来，我想还是要尽量积极地使用规则。举个例子，荷兰有一项关于自行车运动的规则。通过完善这项规则，自行车和行人都可以安全地活动。此外，通过进行完善，提前预测车站和铁路中自行车的利用，不依赖汽车的市民们也能在更大的范围内活动，这使其成为一项环境友好型的对策。与此同时，这一规则还可以通过充实人与自行车的活动，将其作为资源发展当地商业，为城市带来富裕。欧洲人使用规则的方法背景中有这样的概念，[和日本的]差异就在这里产生了。当然，如果违反规则，走到自行车专用道上的话，就会被从旁边骑车冲出来的人狠狠地训斥一顿。

我想，这种日本和西方的感觉上的差异，在制作上似乎也有所体现。在荷兰也有企业制作我们的 Flat Table，但其制作方法有所不同。日本的话，即使现在已经没有过去那种"看了就知道"的教法了，但也非常讲究根据颜色的渐变来调整每次使用的染料用量，以及混合环氧树脂的用量。最后就能得到非常漂亮的渐变效果。但是不知为何，每次都会出现意外情况。如表面有褶

386

荷兰制造 Flat Table 的工厂规模很大，设备齐全，是一个无论是谁都可以制造的环境。

皱、出现难以查明原因的问题，每次都是修平一句"不知道什么原因"就过去了，于是最后做出来的就是一个不知原因的、具有神秘感的东西。

与此相反，在荷兰，人们如果不仔细注意的话，就会立刻出现"喂，这不就根本没有颜色对比吗！"这样的情况。也就是说，荷兰的制作方法不太在意微小的偏差。然而，荷兰的制作也不会出现像修平那样起皱等原因不明的明显意外情况。在荷兰，大家一旦发生问题就会找出原因，并立刻将其改正，重新开始制作。总之，要将事情简单化，把能够科学检测出来的部分数值化，使其变得容易理解，然后将其手册化。出现问题后，再进行科学验证，找出改良方案。结果就做出了第一次来打工的外行人也可以上手的说明手册。按照说明手册的步骤制作的话，虽然达不到追求高境界美观的程度，但确实可以提高普通人制作的精密度。这与第一次在罗莎娜·奥兰迪展出时，卢克拼命地制作，结果制作出来一个不平坦的、波浪型的 Flat Table 的时候情况相同。Established & Sons 的塞巴斯蒂安·朗 [Sebastian Long] 立刻理解了 Flat Table 的概念，并向当时默默无闻的我提出了商品化的建

半建筑
II

日本建筑设计师长坂常设计理念

议。而日本的各位则是一边用手摸着桌板，一边问我："这样可以吗？"

　　铁路方面也有这样的差异。在日本到处都有检票口，但在欧洲大多数情况下没有。有轨电车、公交车、普通铁路也一样没有检票口，乍一看很容易出现逃票乘车或者坐车不付钱的行为。不过，因为经常有人巡查，如果被发现的话会被处以车票价格四五倍的罚款。虽然不知道这样做能取得什么样的平衡，但相比花费高额的人力成本、大量的时间和精力进行检查，倒不如靠每位旅客的自律，这样从结果上来说收益更高，不知道是否出于这样的考虑呢？纽约的地铁不管坐几站都只要 1 美元，所以没有像西瓜卡 [Suica] 这种繁琐的东西，只要将 VISA 信用卡放在检票机器上扫一下就可以进去了，出站的时候也不用检。不知道 [纽约地铁] 是不是这样想的：相比引进或开发西瓜卡等系统并对其进行维护，从结果来说，这个简单的系统最终会获得更高的利润。与此同时，用户也许知道自己无法应对这些细节。但在日本，大家都是一丝不苟的人，商家会注意到细节的需求和问题，用户也会尽量应对

半建筑 II 日本建筑设计师长坂常设计理念

由此产生的规定，即使有问题也会不嫌麻烦地进行投诉。日本的高精度制造业即使从模仿开始也可能做出比原物更优秀的东西，欧洲、美国可以通过开阔的视野创造出全新的创意，这种感觉可能会导致二者之间这样的差异吧。然而另一方面，日本发明的西瓜卡、新干线、汽车等，这些产品的精密度之高、构造之细致，使其可以在自身的基础上不断地积累和迭代技术。

同样的事情也发生在蓝瓶咖啡。当然，咖啡本身是西方传来的东西，然而蓝瓶咖啡的创始人詹姆斯·弗里曼原本就十分喜欢日本的咖啡馆文化。日本这些咖啡馆的咖啡都是目测着泡的。即使这样，很多讲究的咖啡店老板每次都能泡出同样美味的咖啡。这是件让人们感到很有韵味的事情，不仅仅是其味道，就连泡咖啡时的姿势也很让人敬佩，人们带着这样的心情喝一杯。这样的咖啡馆文化让詹姆斯深受感动，从此之后，他便开始学习烘焙咖啡豆、泡咖啡提供于他人。随着生意规模的扩大，考虑到美国作为多民族国家的市场范围之广，以及雇用与员工培养等问题，制作一套说明手册是很有必要的。所谓说明手册，就是无论让谁来

半建筑 Ⅱ　日本建筑设计师长坂常设计理念

向蓝瓶咖啡的迈克尔·菲利普斯请教咖啡的冲泡方法〔2015 年〕。

做都不会变味的配方。这样的话，在不知不觉中，所有的事情就都数据化了。这样使用说明手册做出来的咖啡也许没有银座地下咖啡店里泡的咖啡那么美味，但人人都可以做出能够为大众所接受的、差不多美味的咖啡。如此，才可以扩充商业版图。

日本第一家蓝瓶咖啡店铺在清澄白河开业的时候，我曾向担任咖啡文化总监的迈克尔·菲利普斯〔Micheal Philips〕请教咖啡的冲泡方法。在那时我豁然发现，测量咖啡豆的量、倒入热水的量，还有各个步骤的顺序等，这些竟然都有说明手册，我非常震惊。实际上即使来到店里，他们也要使用卷尺测量，按照说明手册的步骤进行。然而，〔日本和美国〕也有不同之处。日本人使用这种被数据化的说明手册，还是会很用心地做事，拿热水壶时一只手拿壶，再添一只手以示郑重；而美国人则会手叉着腰，哼着小曲儿，看都不看卷尺一眼就随随便便地倒热水。结果，其差距就在咖啡味道上体现出来了。

我在大约十年前听说，荷兰 Makkum 陶瓷公司停止了盘子等餐具的制作，改为只专注于瓷砖产业。这是我之前非常喜欢的品牌，

半建筑 II　日本建筑设计师长坂常设计理念

其中我最喜欢 AtelierNL 的"Clay Service"系列，我在家和公司都会使用。此产品的概念也非常好，她们首先从荷兰国内挖掘土壤，使用在各种各样的土地上收集的土壤制作陶器。她们思考着通过使用不同种类的土壤进行制作，利用土地的地区特性进行设计，为产品带来变化。不仅仅是土壤的颜色不同，烧制时的收缩率也不同。即使是同样的模具，只要土壤不同，就会制作出差别很大的产品。这就是摆在桌子上的精美陶器在不经意间告诉我的事情。但是，这些陶器已经停止生产了。绝不是因为销售不景气，只是因为一时的设计热潮已经结束，制作陶器已经不划算这样的原因。我曾问她们"对此难道不觉得可惜吗"？她们回答"我们之所以能够延续 400 年，是因为我们能够根据时代的需求做出改变"。

与此相反，大致在同一时期，我去了益子町。位于益子町的工厂自不必说，益子烧制作人各样作品也在店里售卖，来到这里的人也都前去购买。当然，我去的时候恰逢类似陶瓷市集的特殊日子。我不太清楚畅销的商品是否具有某种共通点，但各种各样的作品吸引了各种各样的顾客。只不过，这能否维持益子烧制作人的生计还是个疑问。看到这一幕，我觉得与其说荷兰和日本

半建筑 II

日本建筑设计师长坂常设计理念

的情况相反，倒不如说日本有些落后了。

　　当看到 21_21DESIGN SIGHT 美术馆举办的"TEMAHIMA 展"上放映的关于修剪苹果树的剪刀的视频时，我有了同样的感受。视频似乎是在赞赏一天只能制作一把剪刀的工匠精神，但在市场上，它的售价却还不到 15000 日元。单纯计算下来，我担心每天到匠人手里的工资恐怕都不到 5000 日元。世界在全球化中逐渐抛弃掉经济不景气的产业，并朝着合理化的方向发展的时候，日本却存在着与世界不同步调的经济活动。不过，这也只是时间的问题了，我想由于新冠疫情导致外国游客们无法访问日本，由外国游客等支撑的制造业将在数年内被大量淘汰。媒体等有时候也会报道逐渐消失的制造业，反映其十分严峻的现状。当然，在意想不到的新冠疫情中一下子被淘汰，这本身就是一件悲哀的事情。与当事人越亲近，就越会感到辛酸。

　　但同时，我觉得顺应时代也是很重要的。特别是日本的制造业，正因为有传统工艺这块既得利益，才会导致其在没有做出改变的情况下被时代淘汰，留下了太多不必要的东西。当然，手工是历史，是文化，也是知识，但很多手工并不具备这一纯粹性。

那么，欧洲的国际性家具品牌是怎么做的呢？据说，最近在本国国内加工家具成品的公司越来越少，设计是国际性的，制作则将工厂转移到东欧和亚洲等地，朝着在国际上合理销售的方向发展。比如宜家家居［IKEA］，甚至没有自己的工厂，成了"fabless 工厂"［指本公司内部没有工厂等生产设备，委托外部生产的制造业］。东欧和亚洲的那些能够以低廉的价格大量生产的工厂，与在设计和营销方面十分出色的宜家合力降低成本，创造了现在的市场。

前几天，我有幸见到了我们一直在使用着的丹麦的优秀纺织品设计品牌 Kvadrat 的总经理安德斯·拜里尔［Anders Byriel］，我询问他："亚洲有 Kvadrat 的工厂吗？"他说他们品牌的工厂在全世界共有四处，按国家来说分别位于英国、荷兰和挪威，都是高物价的发达国家。我问他："难道人工费不会很贵吗？"他说："相对于产品的质量来说，人工费并不算高。使用优质的材料，在懂技术的人的指导下妥善管理，由自动化来生产，从结果来说这样的方式比较好。"不仅能保证产品质量，做出来的商品本身也很耐用。因此，作为可持续性的商品，Kvadrat 的产品长期受顾客们的喜爱，并被持续不断地购买。

日本的 karimoku 和 MARNI 等品牌依然在日本国内制作。果然，有明确的产品质量目标的时候，与欧洲北部的国家相比，日本的物价也没有那么高。理所当然地，他们在日本国内，而且在自己能把握的范围内设立工作场所。在新冠疫情爆发之前，看着欧洲等地的朋友们，我觉得日本的品牌，例如 karimoku、MARNI、ARITA PORCELAIN LAB 的产品化委托非常受欢迎。我认为一定是这些品牌的技术水平之高和流程之精细得到了认可。

如今，我受委托在会津若松设计关美工堂的新设施 "Human Hub 天宁寺仓库"。关美工堂是把传统工艺融入现代风格，打造新的产品线并进行计划和售卖的一家公司。之前，关美工堂在努力说服当地的传统手工艺匠人尽可能地开发并售卖符合现代潮流的商品。可是，这些传统手工艺匠也进入老龄化，能继承他们工艺的人越来越少。在这样的情况下，实际上年轻一代中有不少想要学习传统工艺，想要为此产业做出贡献的人。不过，有许多人对过去的师徒制抱有抵触情绪，而抵制师徒制会导致继承人的培养中断。关美工堂在意识到这一点后，开始策划和设计，开辟市

半建筑 II　日本建筑设计师长坂常设计理念

场，为自己没有工房的年轻人提供可以共同使用的工房，让他们在那里制作，甚至给他们安排售卖渠道，以保护会津的传统工艺。

我们不仅设计了这样的空间，还设计了在那里销售的商品之一——生漆加工版本的 Flat Table。为了抹去传统工艺一词的沉重性所带来的固有观念，我们把与生漆加工没有太大关系且很了解我们工作的 TANK 团队，请来协助制作 1：1 实物大小的产品模型和制作说明手册，让会津的年轻匠人们使用这个制作方法手册，持续不断地制作生漆版本 Flat Table。另外，我还希望把他们所制作的 Flat Table 拿到纽约的 50 Norman 去售卖。Human Hub 天宁寺仓库今后将继续进行类似的尝试，探索手工艺的新前途。

最近，我去纽约的 50 Norman 现场时，访问了 OMA 大都会建筑事务所纽约分所的负责人重松象平先生。我认识他已经差不多 25 年了，却从未见过面。虽然才晚上七点左右，事务所里的人已经不多了。我问他："这么早就都下班了吗？"他说新冠疫情以后大家的状态都改变了，已经无法回到过去了，现在大家的工作状态会成为往后的样板。我又问他："这样能保证产品质量吗？"他说："因为变化后还没过多长时间，之后的事情还很

404

半建筑 II

日本建筑设计师长坂常设计理念

难说，但目前我觉得应该还可以。我们以减少迄今为止所做的研讨中不需要的内容等来应对变化。"我心里无法坦率地认可："这么大规模的事务所的话……"同时，从实际情况来看，我们也处于被劳动基准监督署指导的立场，经常被指导改善，但一下子就减少这么多工作时长真的好吗？我甚至这样想，如果再减少工作时间的话，公司内部必要的交流都没有了。这样，会不会在变得合理的同时也变得冷漠，从而失去重要的事务所文化呢？

在新冠疫情之前，我大概连续十年每年去两趟阿姆斯特丹。一开始，我在上大学时十分憧憬荷兰建筑，但在近距离观察这些建筑后，似乎发现了很多华而不实的东西，所以感觉不如以前那么喜欢了。但随着阿姆斯特丹城市开发逐年进行，建筑师设计的建筑在规划中构成新街区时，也有力地衬托出历史建筑老街区的背景。当我以稍微宏观的视角来重新看待这座城市里的新老并存情况时，就切实体会到了荷兰城市规划的绝妙之处。

如今，新冠、乌克兰危机、全球变暖等阻碍全球化的因素越来越多，且越来越明显。在这种情况下，日本却完全没有跟上全球化的步伐，而且，日本全国各地仍然留有大量制造业的平台

半建筑 II

日本建筑设计师长坂常设计理念

和资源。当然，制造业还会继续被淘汰，应该到了认真规划怎样有效利用这丰富的环境，思考成为落后一整圈的领跑者的方法的时候了。

408

半建筑 II

日本建筑设计师长坂常设计理念

半建筑

12
设计小岛

　　2007 年，当时的伊奈 [INAX，现 LIXIL] 邀请我参加了一项名为"可持续发展方式"的项目，该项目将"洗澡""进食"和"排泄"中应有的思考方式具体化，我也参与了设计。当时，我自己并没有怎么感受到思考此事的必要性。然而，虽然其研究部门的规模很小，伊奈却还是靠着这少数人细致入微地进行着研究，我认为这一点值得尊敬。我从伊奈了解到有一种可以将排泄物自然分解并过滤的技术，但如果伊奈真的将其商品化，那么以下水道基础设施为前提经营的伊奈，其工作就无法成立，所以这个过滤技术就不能商品化。听到这番话，我的心情变得复杂了。

2009 年，我们事务所设计了 PACO，并认真地准备出售它。PACO 既不能说是建筑也不能说是家具，而是一座 3m×3m×3m 的立方体形状的小屋。当时雷曼汽车事件刚刚结束，在那之前大家一直认为可以通过旧改并转售出租房屋来获利，而且当时市场行情还没有稳定下来，所以这是一项有利可图的工作，在那段时间，提供房屋旧改相关服务的公司数量是有所增加的。我记得 PACO 的客户 ROOVICE 公司应该也是其中之一。但由于雷曼事件的发生，ROOVICE 公司的想法落空了。于是他们想做点别的事情，就投资给了我和 HAPPA。我们决定创造只有在那里才能造出的东西，创造出一个勉强能够放进 HAPPA 空间的建筑，于是 PACO 就应运而生了。之后，我们想通过移动 PACO，来使它在各种地方都能够使用。但是，移动 PACO 本来就不符合道路交通法，更何况 PACO 还是一座重到无法移动的小屋。虽然很小，但毕竟也是座建筑物，所以必须具备电、自来水、下水道、煤气等基础设施，夯实基础之后才能修建。即使是在人烟稀少的地方建造一座孤零零的建筑，也需要翻土、立电线杆以及完善基础设施。

半建筑 II

日本建筑设计师长坂常设计理念

IONIQ5 专用『Mobile House 移动房屋』[2022 年]。能够将城市生活带进大自然之中。

得知这一点后，法律上的问题暂且不谈，我想总有一天要建造出一座不依靠基础设施的建筑。为了让人们一看便知道这座建筑不依靠基础设施，我觉得与其建造建筑，倒不如在无人岛上建立生活基础更具有真实感。无需在海中接高压电线，通过太阳能等天然能源即可获得电源。要做一个能使尿液和粪便进入自然中净化、循环的处理系统，还需要提供从雨水或海水中提取水，并将其转化为淡水的技术。为了使这座小岛与其他小岛联结在一起，电动船和码头也是必要的。洗澡是必须的，有时也许还会想要蒸桑拿。当然，为了生存下去，田地也必不可少。我想建造一座这样的小岛。

这个梦想一直都埋藏在我的心里。直到 2022 年，我遇到了一个项目，虽然规模不大，但这个项目让我有机会思考"不依靠基础设施"的问题。韩国现代汽车在日本销售 IONIQ5 电动汽车时，考虑到它充电之后足可以运行两天，甚至可以说这已经不是车，而可以看作是家了。因此，以"Mobile House 移动房屋"为概念，我设计出了移动式的迷你房屋 [Tiny House]。在这十多年来，天然能源在智能电网中流动并被用于充电，所以

半建筑 II　日本建筑设计师长坂常设计理念

在电力方面已经实现"不依靠基础设施"了。此外,关于排泄物,生态厕所也正切实地在世界各地出现。从海水中提取淡水作为饮用水的技术也出现了。这样来看,当今世界已经拥有了不依赖基础设施的技术了。13 年前建造 PACO 的时候,人们认为技术上有实现的可能性,只是还不现实。而现在它已经变得可能了,已经不再只是梦想。

最近我喜欢上了一项活动,我觉得这也许是为了迎接即将到来的"不依靠基础设施"的时刻。这项活动就是踩着站立式滑水板〔桨板,SUP〕在水边游玩。我家在成城,离多摩川很近。之前周末的时候,我就像参加日营一样去那里玩桨板。虽然那里是市中心,但树木却很茂盛,从河堤进去之后有个隐秘的河滩,可以在那里钓鱼、玩无人机、烧烤、游泳、捡化石等,是个随心所欲、想做什么就做什么的地方。而且,可能是知道的人不多的缘故,来这个河滩玩的人数不多也不少,即使各干各的事情也不会在意彼此。虽然我以前经常去那里,但受新冠疫情的影响,我在家里呆着的时间逐渐增多,也就有了去和车站、市中心等不同的,平时不去的地方散步的机会。那时候,我在附

玩 SUP 时，从水面上看到要降落在羽田机场的飞机。

近找到了一些不错的地方，比如能吃到野味菜肴和咖喱的 beet eat，以及名叫"IZUMI Brewery"的精酿啤酒厂，我还参与建造了明年春天即将开业的狛江澡堂等。顺路去这些地方转转后，最后还是会去河边，但有一天我突然想到，是不是能在河里玩点什么呢，于是就买了一块浆板。刚开始的时候，我一个人磨磨蹭蹭地玩浆板，当我在 Instagram 等社交平台上传照片后，TANK 的福元先生等人跟我说"啊，可以在河里玩这个"？于是和我一起玩浆板的人就慢慢增加了。

一开始的时候，我们在小田急线的和泉多摩川站附近的多摩川滑水，基地塔在狛江那边，从狛江的一侧过河，上岸后踩上浆板，然后去登户的 Fuglen 咖啡厅。这样多少有了一点旅行的感觉，但后来逐渐玩腻了。所以大家开始提议，如果继续沿河而下的话能去到哪里呢？如果只有我一个人玩的话，我一般不会这样想的，但如果有几个男孩儿聚在一起，那么关于玩什么的想法就一定会升级。在某个雨天，我们花了四五个小时，淋着大雨沿多摩川而下，就像少年的暑假冒险一样。这种自由的感觉无法抗拒，我们不知不觉间滑到了羽田机场附近，看到

半建筑 II

日本建筑设计师长坂常设计理念

從秋葉原到御茶之水站之間，多條鐵道交錯縱橫的地方。

飞机在眼前起飞、降落。当时时间也差不多了，我觉得不能继续沿河而下了，于是我们就在羽田机场附近上了岸，把 SUP 装在出租车后就坐出租车回家了。

我们尝到了甜头，接下来开始了期盼已久的，从神田川仰望御茶之水站的旅行。果然，在那附近不好找给 SUP 充气、下水的地方，最后我们在稍远一点的隅田川附近下水，沿着神田川而上。途中从下往上仰望御茶之水站，我们所处的位置离地面有点远。查询后才知道，原来是因为附近的神田山被劈开后，小石川的河水引入到了隅田川，护城河周围被填平了。我们置身这样的历史之中，踩着 SUP 从那里滑到后乐园附近，拐向护城河方向，从下面穿过 1964 年奥运会时在河上临时搭建的高速公路，途经日本桥，最后到达隅田川。总而言之，我们经过了城市的很多阴暗处，或者说是承袭了昭和时代人们对河流所抱有的肮脏印象的地方。那次，我因为亲身体验了城市的巨型建筑而兴奋不已，而其他人则因为河水淤塞的样子，心里感到相当难受。

在那之后不久，我们又改道从台场穿过彩虹大桥下到丰洲，再沿着隅田川绕佃岛一圈，进入隅田川的另一条支流，在月岛吃

就算是桨板也能开门放行，这感觉相当不错。

完文字烧后回家。当时水面和街道距离很近，水边地区建筑林立，其风景让人感受到一种对大海和河流的肯定。或许是因为晴天的原因，大家的心情也不错，充分享受了这趟旅行。就这样，我发现在不同的地区，城市对于水的感觉及其历史背景都不一样，建筑的建造方式也完全不同。但如今，神田川相比之前也变得干净了，所以〔我们〕不应该背对着它。丰洲附近的海乍一看也很压抑，但实际上那是很好的一片海域，天气好的时候非常平静，从下往上仰望彩虹大桥的时候，我心里就会涌现出一种兴奋感。

我们还经历过一次长途跋涉。到达市川之后沿着江户川缓缓而下，经过旧江户川和新川到达荒川，穿过大门进入旧中川，再走渠道到锦系町，然后在黄金汤澡堂里泡个澡后回家，路程全长 21 公里左右。我之所以可以单程旅行而无需返回同一个地方，原因在于桨板是充气且可折叠的。这种轻松的感觉也是我喜欢它的原因之一。另外，像这样横跨几条河，就需要通过各处的大门进入新的河流，连桨板这种东西都会开门放行，这一点值得称赞，同时我也切身感受到，东京果然是零海拔地区。

我不禁要问，像这样从水面上看东京的体验固然很不错，

半建筑 II　　日本建筑设计师长坂常设计理念

但我们独占这一切真的合适吗？据说东京都的居民约有1400万，但在水边这样游玩的每天恐怕都不到1000人，实在是太可惜了。能否更加有效地利用水边呢？现在，东京似乎在绞尽脑汁地计划如何把高速公路转入地下，让水边变得更干净，但我认为即使保持现在的状态，应该也有很多事情可以做。与此同时，如果能沿着河边开一些更有魅力的店铺，那就会产生相辅相成的作用。

最近，不管是国内还是国外，只要一发现有水，我就会去找出租店租桨板。果然，从陆地上看到的陆地和从大海、河流上看到的陆地在视角上有所不同，距离感也不同。在大海和河流中是可以直线移动的，所以比在陆地上移动让人感觉更近些。而且根据地域的不同，水和生活的距离也不同，玩桨板时也能从中体会到这一点。在威尼斯滑水的时候，桨板店和旧有的船屋发生过摩擦，光是看着这些情况就很有意思。但即使我在运河上滑水，当和周围通宵喝酒的人、住在附近的人、玩船的人眼神相交的时候，一边和他们进行轻松愉快的交流一边前进时，我体会到一种在河面上自由行走的优越感，这让我非常愉快。今年夏天我去了丹麦，丹麦人在日常生活中和水十分亲近，这

在丹麦的水边，可以下水的地方随处可见。

让我忍不住心生好奇：他们在夏天是这样和水接触的，那冬天又是怎样度过的呢？走着走着，慢慢地脱下外衣跳进海里，再爬上岸，一边悠闲地晒着太阳一边和朋友聊天，然后再次跳进海里。不只是游泳，还有小船、皮筏艇、浆板等，不管大人还是孩子都是这样。而且，周围的建筑物和公园都面朝水而建，到处都是可以下水的地方，随时都可以玩水。在东京找个能下水的地方是个苦差事，我非常羡慕丹麦人。当然，日本有因地震而引发的海啸和洪水，但即使其危险程度不同，在水边的设计却都非常严格，没有什么漏洞。结果，在不知道如何与海洋和河流接触的情况下，我感到我们与海洋、河流的距离越来越远。

日本是细长的群岛，大部分地区都有海洋、湖泊或者河流。我想充分利用这个宝藏。而且，不知道我这样的诉求是否会渐渐引起大家的共鸣呢？最近委托我设计的建筑中，河景房的项目逐渐增加了。广岛的田岛、尾道、大垣的水门川、冲绳古宇利岛、静冈的用宗海岸、藤泽……我很期待不久后是否会有小岛相关的项目。各位如果有闲置的小岛，多小的岛也没关系，请随时与我们联系。

半建筑 II 日本建筑设计师长坂常设计理念

跋语

　　回想起来，2021 年元旦的时候，我在一页都还没写，出版社也还没有决定的情况下，发誓要在一年内出版另一部《半建筑》。虽然最终用了近两年时间，但这本书终于还是顺利出版了。我完全不在意她在做什么工作，就决定了"[编辑] 一定要是臼田女士！"和臼田女士商量后，才知道原来她目前在名为"FILM ART"的出版社做编辑工作。我们以闲聊的方式开始了协商，在话题逐渐深入之后，最终决定由 FILM ART 出版社出版。我非常感谢她。而且，我之前一直在借着这本书的出版逃避着一些人，现在这本书已经出版了，我已经没有逃避他们的借口了。只不过在这段时间中，我得到了机会与自己面对面，了解自己在社会中所做的事，并意识到这一切都有其自身的道理和意义，对此我还想更加深入。能得到这个机会，我非常感激。从这本书中获益最多的是我自己，我也希望能够将自己学到的这些东西分享给各位读者，哪怕只是一点点。最后我要感谢长岛里佳子女士和稻田君，他们和臼田女士一样，与我一起参与了本书中提及的几个项目，长期以来非常理解且一直密切关注我的工作。此外，他们还对这本书做了如此出色的设计。非常感谢。

为什么要出长坂常的这本设计书？他是当今东京设计界被视为"最另类的高水准"的设计师，我们信任的是一种专业标准。

在《半建筑Ⅱ》出版发行之际，上海人民美术出版社的责任编辑包晨晖兄，要我为纪念这本书的付梓过程，补写几句编后记以飨读者。包晨晖也是设计师出身，在探讨装帧的过程中，以"权力者"姿态不断否决我们的方案，又以极大的热诚提出设计建议，我很感谢他身披尖锐挡掉了各种怀疑论者。若非他忌惮别人疑他有私心而坚辞署名，我的本意是要在版权页设计者一栏里留下他的名字的。

想了想，那我就来说两句话吧，第一句是"长坂常是具何样特色的日本设计师？"另一句是"《半建筑Ⅱ》的装帧特点。"

第一句话：长坂常是具何样特色的设计师？

A ｜ 陶特：桂离宫的提示

工业化社会是指规模化、系统化生产商品和销售商品来推动经济的社会，需要的是具有功能好用、造型好看、品位独特的"三好"设计，在建筑设计领域，擅长这种"三好"设计的柯布西耶和密斯，是 20 世纪初的时代宠儿。

柯布西耶在他的混凝土建筑中，彻底将柱子和墙壁分了开来，以柱子为支撑重量的结构体，把墙壁从承重结构中解放出来，从此现代主义建筑设计师们可以自由地将窗户开在墙壁的任何位置，并把从结构中解放出来的墙壁叫做"幕墙"，从柱子和墙壁的功能开始明确分离的那一刻起，20世纪现代主义建筑的表现自由开始了。

发现桂离宫之美的德国设计师陶特，在1933年5月4日，与日本国际建筑会的成员一起在京都访问了桂离宫。在进入庭院之前，看到用密排生长的细枝斑竹编织而成被称为"桂之垣"的篱笆墙，自然和人工之间被这样特别地联系在一起。更令人惊讶的是，桂离宫的外侧墙壁，不仅柱子和墙壁是分开的，而且负责承重的柱子看起来一点都不咄咄逼人。据说陶特当时就感动得流下了眼泪。

陶特在桂离宫庭院和建筑之间的关系中，看到了取代柯布西耶、密斯式现代主义新建筑的设计可能性。陶特将这种不同于西方建筑的"庭园和建筑、庭园和人的新的相互关联性"，称为"关系性建筑设计"。陶特明确指出日本建筑不是造型性建筑，而是关系性建筑 [布鲁诺·陶特《日本美的构造：布鲁诺·陶特眼中的日本美》听松文库／

上海人民美术出版社 2021 年版]。这在之后给了新一代建筑设计师隈研吾以设计方法论的提示、引导。

B　｜　隈研吾：小结构的着眼点

　　柯布西耶、密斯样式的现代主义新建筑，通过分离独立的柱子和不承重的巨大玻璃幕墙，使建筑变得通透明亮，但无论是柯布西耶的混凝土承重柱，还是密斯的钢架承重柱，由于钢筋混凝土"大结构"的物质特性，柱子还是柱子，强烈的存在感依旧约束着空间的自由。

　　另一方面，受到古代中国营造法式影响的日本木构造建筑方法，明处的木柱和木柱间的土墙、门窗等，看起来完全不承重，却在暗处通过各种"小结构"——榫卯结构体系相互支持，支撑整座建筑，看似异常脆弱的建筑，却能从容抵挡地震和台风的打击。西洋的"大结构设计"的明确性，和东洋的"小结构设计"的暧昧性之间，存在着极为鲜明的对比。

　　是什么让桂离宫的简素建筑散发出特别的动人魅力？陶特说是"庭院与建筑的关系"，深受陶特影响的隈研吾进一步说"关系不是形式本身，而是无数散落存在的小连结点，这是小结构体系设计的新可能性的着眼点。"

然而，不管陶特多么出色，在 20 世纪初那段关乎学术与权力的设计史上，仍旧是被彻头彻尾边缘化的配角。同样，隈研吾也经历过一段被逐出东京建筑设计核心圈，只好在偏远乡村讨生活的边缘人时期。作家许知远说："但边缘赋予他们特别的勇气，令他们反而成为既有秩序的挑战者与反叛者。这也是历史的迷人之处。"倘若不理解这一点，就很难体味这种反叛之价值。

隈研吾在他设计的建筑空间中，迫不及待地将思想转化成行动，很坚定执拗地用"小结构系统设计"消解掉建筑巨大的承重柱和外立面，这一特点几乎无一例外。这份坚定是他对柯布西耶、密斯样式的反抗，是对陶特的致敬，也是他自己的宣言。

C ｜ 长坂常：半建筑的可能性

时代在多端变化，相对于东京老一辈设计师隈研吾的使命感，作为东京新世代设计师的长坂常并没有背负过多的文化包袱。长坂常说他并不想着为了东京而做点什么，对"为打造世界中心都市"而设计那样的课题也没有什么兴趣，他想尽他所能地做他能做的建筑设计。事实上，特别是在东京那样的城市里，建筑师作为创意当事人的实际创作个体，也能做很多事情。但是，相对于大型城市，他觉得"更小，更新旧混杂，更有生活感，更有历史重层积淀"的地方，更是出乎意料且有趣，也更有未来性。

长坂常说他早年对日本无论是城市还是乡村都是紧密型的干巴巴样式，并没有好感。倒是在东南亚村庄的漫游经历给他许多启发，东南亚村庄的聚落，是像互联网一样的分散型，村落里的家家户户好像没有脉络地散落着，但通过水井和祠堂等生活节点又都被连接在一起，古老和崭新同在。那些村落里的村民就地取材，挖土、烧砖、伐树、立柱，亲手盖建自己居住的家，翻修改建是常事，建筑并不是永久不变的。这在一定程度上改变了他的设计价值观，也启发了他开始探索下一代人在网络化思维样式下的生活方式，他说他"想要创造露营帐篷那样的自由感的可能性"。

设计出看似只完成了一半的毛坯房的设计作品，是日本建筑设计师长坂常的"自由感"特色，隈研吾说"有毒性"，原研哉说像"城市流浪汉"，藤本壮介说"是让人的肉身和城市直接对撞了"。台北出版人萧佳杰更是直言"基本上是赤裸裸保留有历史记忆的建筑筋骨、空间脏器，刻意展现它凛然不可侵犯的样子"。这种样式，在追逐各种完美精致的东京建筑界，显得突兀不群，独树一帜。

第二句话：《半建筑 II》的装帧特点

a ｜ 一点自得

《半建筑》的作者长坂常，是东京的新生代建筑设计师，在日本众多设计师中，其设计理念由中国编辑者编辑整理成型，先出中文版，后出日文阐述升级版，《半建筑》，大概是第一次。作为编辑者，有点小自得。

"半建筑"这个概念性名字的由来，长坂常在日文版新书的前言里，详述了诞生过程，我在这里摘录一段前面长坂常自序"由来"里的文字：

"实际上我在这本《半建筑》之前，出版过另一本名为《半建筑》的书。然而，其内容却截然不同。

2020 年，中国的听松文库编辑事务所提出想要将我旧作中的《B 面变成 A 面之时》[大和 press，2009 年。增补版为鹿岛出版会，2016 年]、《我的想法》[LIXIL 出版，2016 年] 和《Jo Nagasaka/ Schemata Architects》[Frame Publishing，2017 年] 等书汇编成一本书。起书名的时候，听松文库提出'希望用中文将长坂先生的工作理念表达清楚'。

我思考后提出了'between architecture and furniture〔建筑和家具之间〕'这一书名，但被听松文库大喝一声说'太弱了'。

听松文库坚持认为应该起一个更具冲击力的书名，于是，编者朱先生提出了'半建筑'这一书名，仅用三个汉字就将我的工作定义表达得清晰明了。汉字竟能这样用啊，我从中国人身上学到了汉字的使用方法。"

b　|　五处细节的设计

一说说装帧，一个突兀不群的设计师的设计理念书籍，装帧里有两处突兀不群的"心机"：一处是特地将全部的内页，设计成了右半页是"正文"、左半页是"记事本"。另一处是书脊完全裸露且没有书名文字，去掉了整本书在常规意义上的"封面"。这不仅是要完全摊平书页，更是希望整个设计都能让读者体会到长坂常半建筑设计的理念。同时，在强化装帧设计的存在感的同时又能体现出普装书的阅读感。设计的前后大约花了三个月时间，和责编包晨晖兄一同不断琢磨、测试、推翻，才完成整本书的最终设计。

二说说纸，其实选纸过程耗时最久，现在整本使用的 60 克瑞典 Holmen 书纸，是在东寻西试后，兜兜转转在老朋友王彩萍的纸行找来的，之所以选择那么薄的纸，是希望整本书要软，要方便翻阅，又要轻盈，还需保持牢韧。书籍设计，关乎书在翻阅以及阅读中的手感和阅读感。

三说说封面的题头字体的设计屡次三番修改，既有的字体都很完整，很难体现"半建筑"的未完成感，以致于许多种类的字体排放到页面上去都会显得很突兀。最终出现在我们眼前的题头字体，是长坂常自己特意使用最不顺手的笔一笔一画写出来的。印刷时采用了一种常被用于建筑工地标语的蓝色，让整本书看起来更别致更具有视觉冲击力。

四说说内文印刷用墨的选择也很波折，如何既不影响阅读的墨色质感，又能让小小的说明性质图片还有墨色层次？调试了很多次，最终设计师汪阁与雅图印厂一起，选定了一种特殊的微细颗粒的专色哑光蓝墨。整个过程需要印厂的专业度，更需要极大的耐性。

五说说装订，32开本竖版。因为没有常规封面，书脊的装订线的粗细和规整程度、晾干时胶水与书页融合程度以及厚薄是否平整美观等都成了被考验的对象，为了让每本书都达到有水泥砖一般平整度的粗砺感、书籍外书口的整本破边状态，每天只能手工装订出不到60本。

c ｜ **感谢**

《半建筑》能顺利出版，不能不对上海人民美术出版社原社长顾伟表示感谢。五年前，长坂常在中国的名声尚未显著，蓝瓶咖啡也尚未落地上海。其实，就像原研哉的极简设计之于无印良品，隈研吾的竹子材料设计之于长城脚下的公社。长坂常的半建筑设计之于蓝瓶咖啡，也是定调性的灵魂人物。好在顾社在美国的女公子是蓝瓶咖啡的"粉丝"，喜欢蓝瓶咖啡的味道的，大都也会喜欢长坂常的半建筑设计。于是，经过顾社和静安区相关领导的热心联络，不仅有了听松文库和上海人民美术出版社的合作，之后蓝瓶咖啡也落地上海静安区。

还要感谢东京 FILM 出版社资深编辑臼田桃子女史、武藏野美术大学教授山中一宏先生，长坂常事务所经理横山聪子女史，以及精通中日文学的堀川英嗣先生，一直以来认真细致的工作支持。

更要感谢上海人美现任社长侯培东先生，在《半建筑 II》的编辑出版过程中的信任和支持。

听松

2024 年 2 月 15 日　旧历年初六　记

437

438

半建筑 II · 日本建筑设计师长坂常设计理念

[彩色插图]

113、203、204—205、224—225、253　太田拓实

114—115　Stephan Burri

116—117、120、338、339、340—341　Schemata 建筑事务所

118、119　Hirotaka Hashimoto

206—207、208—209　西将隆

210—211、212—213、214—215、216—217、220—221、222—223、334—335、346—347　长谷川健太

218—219　阿野太一

319、320—321、322—323、324—325、326—327、328—329　Ju Yeon Lee

330—331　Alessio Guarino

332—333　Alberto Strada [赞助：国际交流基金会]

336—337　GION

342—343、348、349　高野 Yurika

344—345　Nacasa & Partners

350　吉田举诚

376—379　伊丹豪

[黑白插图]

037、039　原田亮太郎

045、061、063、085 右、125、129、141、145、147、149、151、175、197、
199、235、245、257、259、275、279、281、283、293、305、309、311 右、
353、355、357、363、369、371、375、385、387、393、401、413、417、419、
421、425　© Schemata 建筑事务所

047　蜷川实花

051、077、083 右　小木壮介

083 左　阿野太一

085 左　木奥惠三

087、089、101、103、123、127、131、183、187、411　太田拓实

111　© 2019 Artek

143、171、191、273 右、307、313、315　长谷川健太

153　© C+A、平田晃久、Schemata、T-HOUSE 设计共同体

155　西将隆

179　Courtesy of Vitra

189、297　Nacasa & Partners

234、237、239、241、243、247、249、253　Ju Yeon Lee

261　Matteo Girola

265、269　Alberto Strada [赞助：国际交流基金会]

287、291　TANK

299、311 左　高野 Yurika

301、303　千叶显弥

359、439　吉田举诚

365、367　高塚辽

长坂常

Schemata 建筑计划代表。1998 年毕业于东京艺术大学，后成立工作室，现于北参道设有事务所。从家具到建筑，再到城镇建设规模各不相同；种类也十分广泛，从住宅到咖啡馆、店铺、酒店、澡堂等都有涉猎。对于任何尺寸的产品，他都有以 1:1 的比例制作的自觉，从材料开始探索并进行设计，在国内外积极展开活动。他从日常事物、环境中寻找新的视角和价值观，提出"减法""误用""知识更新""看不见的开发""半建筑"等独特的思考方式，树立了自己独特的建筑师形象。

代表作：

Sayama Flat / HANARE / Flat Table / Blue Bottle Coffee / 桑原商店 / DESCENTE BLANC / HAY / 东京都现代美术馆 标识用具、家具 / 武藏野美术大学 16 号馆 / D&DEPARTMENT JEJU by ARARIO 等。

半建筑 II

日本建筑设计师长坂常设计理念

图书在版编目(CIP)数据

半建筑. Ⅱ, 日本建筑设计师长坂常设计理念 /
(日)长坂常著;(日)堀川英嗣译. -- 上海:上海人
民美术出版社,2024.3
ISBN 978-7-5586-2910-5

Ⅰ.①半… Ⅱ.①长… ②堀… Ⅲ.①建筑设计-研
究 Ⅳ.①TU2

中国国家版本馆CIP数据核字(2024)第024498号

半建築
Author: Jo Nagasaka
Editorial Cooperation: Schemata Architects

Copyright © 2022 Jo Nagasaka
All rights reserved.
Original Japanese edition published by Film Art, Inc., Tokyo.
Simplified Chinese translation published by arrangement with Film Art, Inc.
Copyright Manager : Zhou Yanqiong
合同登记号:图字:09-2023-1077号
本书的简体中文版经日本FILM ART出版公司授权,由上海人民美术出版
社独家出版。版权所有,侵权必究。

聽松文庫
tingsong LAB

出版统筹 ｜ 朱锷
外封设计 ｜ 朱锷 [听松文库]
设计制作 ｜ 汪阁 [听松文库]
翻　　译 ｜ 堀川英嗣
翻译助理 ｜ 于薇、张瑜、郝英如、栗霆宇、柏锐琦
校　　译 ｜ 朱锷
法律顾问 ｜ 许仙辉 [北京市京锐律师事务所]

半建築 Ⅱ：日本建筑设计师长坂常设计理念

原版书名	半建築
著　　者	〔日〕长坂常
翻　　译	〔日〕堀川英嗣
校　　译	朱锷
版权经理	周燕琼
责任编辑	包晨晖 郑舒佳
技术编辑	王泓
出版发行	上海人民美術出版社
	（上海市号景路159弄A座7F　邮编：201101）
印　　刷	北京雅图新世纪印刷科技有限公司
开　　本	889×1194　1/32
印　　张	14
版　　次	2024年3月第1版
印　　次	2024年3月第1次印刷
书　　号	ISBN 978-7-5586-2910-5
定　　价	138.00元

长坂常：
半建筑的可能性

时代在多端变化，相对于东京老一辈设计师隈研吾的使命感，作为东京新世代设计师的长坂常并没有背负过多的文化包袱。长坂常说他并不想着为了东京而做点什么，对"为打造世界中心都市"而设计那样的课题也没有什么兴趣，他想尽他所能地做他能做的建筑设计。事实上，特别是在东京那样的城市里，建筑师作为创意当事人的实际创作个体，也能做很多事情。但是，相对于大型城市，他觉得"更小，更新旧混杂，更有生活感，更有历史重层积淀"的地方，更是出乎意料且有趣，也更有未来性。

长坂常说他早年对日本无论是城市还是乡村都是紧密型的干巴巴样式，并没有好感。倒是在东南亚村庄的漫游经历给他许多启发，东南亚村庄的聚落，是像互联网一样的分散型，村落里的家家户户好像没有脉络地散落着，但通过水井和祠堂等生活节点又都被连接在一起，古老和崭新同在。那些村落里的村民就地取材，挖土、烧砖、伐树、立柱，亲手盖建自己居住的家，翻修改建是常事，建筑并不是永久不变的。这在一定程度上改变了他的设计价值观，也启发了他开始探索下一代人在网络化思维样式下的生活方式，他说他"想要创造露营帐篷那样的自由感的可能性"。

设计出看似只完成了一半的毛坯房的设计作品，是日本建筑设计师长坂常的"自由感"特色，隈研吾说"有毒性"，原研哉说像"城市流浪汉"，藤本壮介说"是让人的肉身和城市直接对撞了"。台北出版人萧佳杰更是直言"基本上是赤裸裸保留有历史记忆的建筑筋骨、空间脏器，刻意展现它凛然不可侵犯的样子"。这种样式，在追逐各种完美精致的东京建筑界，显得突兀不群，独树一帜。

——摘录自本书编后记

上架建议：艺术设计

ISBN 978-7-5586-2910-5

聽松文庫
tingsong BOOKS

9 787558 629105 >

定价：138.00元